大是文化

賣車女王十倍勝的業務絕學

陳茹芬週日不上班、很少發名片，卻贏別人十倍，怎麼辦到？

全台最強賣車女王
陳茹芬◎著　鄧文華◎採訪撰文

Contents

第二部

銷售女王的超業話術

Contents

第7章 超業都懂布局業績，所以不必每月從頭做起 185

Contents

推薦序一
態度決定高度，方法決定速度

國都汽車總經理暨和泰汽車副總　劉源森

真正熟識茹芬，是三年前我從和泰汽車調任國都汽車總經理開始。那時我只是想著如何對公司業務同仁有所助益，恰巧媒體朋友希望推薦一位超級業務員，我找到了她。茹芬在二〇一三年全年銷售七百零三輛，創下全TOYOTA歷史最高紀錄。經媒體廣泛關注與報導，她成了賣車女王，以及這兩年行銷講座的熱門人物，更開啟了更上層樓的職場人生。以下是我對她的認識：

一、七百零三不只是輛數，更是經營五千兩百位顧客朋友的最佳回饋。

茹芬自一九九七年加入國都，十八年來總共銷售了五千兩百輛車。我不知此是否為汽車業界的個人最高紀錄，但我知道她**每賣一輛車，就可以交一個朋友**。對她而言，賣車不只是賣車，更是在經營事業、架構人際網路。

茹芬熱情、雞婆、親切，感染著每一個認識及不認識的人。很難想像這樣一個超級業務員，每天還是一早七點半就到公司，與大家一起打掃環境、擦車，始終如一，不耍特權。她的雞婆更是出名，不久前，公司前的馬路有輛貨車漏油，她看到後擔心行路安全，招呼同事一起放置三角錐、指揮交通。一位路過的記者目睹，上前採訪她，才知就是賣車女王，因而又上了新聞。

沒有超業的架子，堅持和人輕鬆做朋友，我也看到經常有顧客送她潤喉補品，關心她、感謝她，建立真正「感動服務」的新定義，是以她的銷售已不是商品，更是服務、信賴及個人品牌，此乃行銷的最高境界。

二、她要的不只是會賣車。

我最佩服她的不是輝煌銷售成績，或對公司有多少貢獻，而是她時時懷抱著一顆感恩的心。就如她常說的，她珍惜這份工作、熱愛這個品牌，一生以國都人為榮。她喜歡帶動公司團隊的氣氛與活力，喜歡與高企圖心的主管和團隊一起挑戰工作，這就可以理解，為什麼在平均每天要交兩輛車，時間永遠不夠用的狀況下，她還願意主動協助主管教導、提攜新人，甚至一起商談助攻。同時她也跟我爭取擔任公司常任講師，無私分享她的經驗和技巧祕訣。

各行業中多的是銷售達人、超級業務，但有多少人願意公開分享自己的教戰守則和祕訣？茹芬做到了，透過文字、語言分享予各行各業朋友，讓我都有點小小後悔這個公司的瑰寶，已不再專屬國都了。

三、女王其實不是女王。

賣車女王或許是媒體製造出的標題，但認識茹芬的人，便知道她沒有那種高高在上、遙不可及的霸氣，僅是一個親切熱情的友人和鄰家大姊。就如同本書內容，呈現的是銷售給五千兩百位客戶的經驗法則和實戰案例，淺顯易懂的小故事、小技巧，而非艱澀的大道理。

▲陳茹芬常說：「劉源森總經理（右）是改變我一生的大長官。」

大家都知道成功不是偶然、不是運氣，背後絕對隱藏很多酸甜苦辣，更有許多敗戰的汗與淚。如何走出失敗、挫折，需要的是正確的態度；如何對應各式各樣顧客出的招，進而累積經驗技巧，要的是方法。當你願意認真、用心經歷幾百、幾千個實戰演練，也可以成為她口中「無招勝有招」的大師。

那天在和泰集團講課之後，她一定要與全體學員合照，並在出席名單上請大家簽名留念，這件小事對聽講者而言有一定的啟發：如何製造更多差異、創造更多機會？或許每個人的成功模式、做法都不同，但我從茹芬身上看到了「態度決定高度，方法決定速度」，這是在職場與人生打拚的不變道理。

最後，我很高興茹芬有著意外的人生、不一樣的成就。期待她早日達成銷售一萬輛的新紀錄，我們一齊祝福她。

本文作者劉源森，現任國都汽車總經理暨和泰汽車副總。

推薦序二
絕招不藏私，超業氣魄不怕人學

格蘭西服設計總監　陳和平

記得茹芬初來拜訪那天，我剛好外出，後來終於見到她時，第一眼感覺這個人很聰明、很有效率，尤其眼睛非常有神，好像在哪裡見過。上網一查，才知道原來是報紙上TOYOTA那位破紀錄的超級業務。

讀了書稿後，我問茹芬，透露這麼多跟客人過招的眉角，沒關係嗎？她很大方回我：「怕什麼，我敢出書就不怕人學！」我很欣賞這種氣魄。我做手工訂製服也是，**別人認為的傳統裁縫業，在我眼裡是時尚流行業**，我還曾為了豐富男裝線條，而特地去學女裝，不斷自我突破。

這本書從心態到技術都談，各行各業都適用。跟讀者分享一些我的觀點：

一、**同一件商品給對的人賣，客人感受就不一樣**：現在的客人標準越來越高，東西好算基本，服務更要貼心。

二、**從聊天聽出需求，再賣一件**：這經驗我也有過，都是聊天聊出來的。每當客人問：「陳仔，我在你這邊做幾件啦？」那種被信賴的感覺，很讚！

三、**寧願做虧，不要做斷**：這個「虧」不一定是價錢，更**不要跟客人在口頭上爭，爭贏也是輸**。客人占了便宜，嘴上不說，心裡也知道，總會回來給我們生意做。

四、**情緒切割**：面對每位客人都是全新開始，先穩定自己，再照顧對方。

五、**莫忘初衷**：我到現在還是時常親自接送客人。不管事業做得再好，永遠記得客人是衣食父母。他們滿意，我們更能獲得自信，形成正向循環。

很榮幸長久以來能為茹芬量身打造各式戰袍，這回更替她的新書寫序。當你需要充電時，不妨把這本書拿出來重翻一遍，感受她充滿戰鬥力的能量！

本文作者陳和平，現任格蘭西服設計總監、中華民國服裝甲級技術士協會理事長，近年接受總統府七次表揚。曾獲中華民國第七屆資深技藝師傅獎、亞洲西服年會技術競賽「世界注文服裝聯盟會長最優秀獎」等國際大獎。

推薦序三
十倍勝翻轉幸福

金鐘獎最佳主持人　秦偉

古諺云「樵夫腿，閨女嘴」，意即勤奮天下無難事，嘴甜到處好辦事。自古迄今百業興盛之道，始終奉此圭臬，放諸四海而皆準。

但我的好友陳茹芬（我都稱呼她娜娜）甚而登峰造極，已臻「白馬腿，喜鵲嘴」化境。當台北都會人中午可能才準備來個brunch，娜姊一上午卻已賣出五輛汽車……。

當眾人尊稱麥克．喬登籃球大帝，殊不知他每天練投兩萬次，戮力不懈抓住球感；當世人盛譽巴菲特股神，卻未必了解他五歲開始賣可口可樂、十一歲投資股票，比人提早擁有成功欲望。誠如中國首富馬雲所說：「世界上最可怕的事就是比你聰明的人，卻比你還努力。」於是勤奮並非絕對成功，但成功必定需要勤奮，也是追逐夢想唯一救贖。

電影《翻轉幸福》女主角喬伊．曼加諾（Joy Mangano），從命運多舛的失婚怨婦，因著堅持而翻轉成為全美知名百貨商。她說：「**人的一生不能沒有勇氣，你所做的不一定要偉大到改變全世界，但只要能影響周遭的人就夠了。**」而從娜姊夙夜匪懈的背影，非唯看到賣車女王所打造疆土於焉展開，更看到她透過本書，正騎白馬、展鵲語，不止十倍翻轉著眾人幸福……。

本文作者秦偉，一個「真姓秦、真性情」的單身漢子。發過兩張個人唱片專輯、兩張合輯，一年得過三座廣播電視金鐘獎，並擁有醫美整合行銷、節目製作、公關活動等四家公司，身價據說超過五億。出版過理財、保養、旅遊、兩性、美食、宗教等六本書。每個星期有七天都在做公益，捐款超過八千萬元，九次以上九死一生經驗，目前也正以十倍勝速度翻轉幸福。

自序
一輛一輛賣，一年賣七百零三輛，這樣辦到的

自從二〇一四年，我上了《蘋果日報》頭條新聞之後，開始受到媒體和企業的關注。我常被問到，究竟要如何達成年銷七百零三輛車這種「不可能的數字」？更有人好奇我是不是做批售，要不然一般汽車業務，一年賣個五十到七十輛就很不錯了，怎麼做到十倍的數量？

其實，**我跟大家一樣，也是一輛一輛的賣**，也常碰到奧客、也有高低潮，也曾經對殺價、比價很沒輒，差只差在我很珍惜這份工作，入行十八年，我不但從不遲到，有時候明明放假，如果不來公司走一走、四處巡一巡，就覺得渾身不對勁。憑著這股熱情，再難的關卡，我都會想辦法破解；再奧的客人，我都會試著讓他變成好客。

有公司才有我，公司就是我第二個家，因此，我始終抱著感恩、快樂的心在工作。還記得菜鳥時期，每天早上都要擦車保養，我會**邊擦邊跟車子說話：**

「厚～你怎麼這麼可愛！今天要好好表現喔，客人若是喜歡你，就會把你帶回家，這樣我就會成功了，我們一起加油！」

客人上門以後，我介紹車款，就像在聊一個外型好、個性讚的朋友，而不是C.C.數多少、馬力多強、長寬高各幾公分的商品。有客人說**聽我講車，好像什麼願望都能實現**，坐上去情侶感情更好，家庭更和樂，事業更順利。

對車子都這樣了，對人更不用說，同事案子談不動，我會主動過去幫忙講，談成了，單子還是算他的；客人有事情，打電話來問哪裡有房子要出租、哪裡有做油漆的、甚至感情發生摩擦來找我訴苦，我統統幫忙解決。

沒想到這樣的雞婆，竟替我贏得了許多好口碑，一傳十、十傳百，人人稱讚我服務好，然而，當我問他們我服務到底哪裡好？幾乎沒人講得出來，直說碰到我覺得很親切，和我聊天很開心，價錢又公道，一定要捧我的場，就算那個月我單子太多，要等一下也沒關係，他就是要跟我買。

很多人說做業務要夠殺，也有人說「業務嘴，胡蕊蕊」（台語，胡吹亂蓋的意思），但我認為業績要有重大突破，最大的關鍵在於「心」。

我常說：「宇宙有個反光板，所有我們做的事情，最後都會回到自己身上。」一個懷抱善念的人，客人一定感覺得到。我常因為純粹幫助人，「意外」賣了很多車；反過來說，一個常常碰到奧客的人，不論你是業務員還是上班族，請回頭想想，自己是不是常常覺得別人很難搞，總是抱怨個不停？

在我學著如何應對殺價、奧客、踢館的過程中，我也逐漸調整對人事物的看法，漸漸的，我發現**談價錢越來越快、奧客也越來越少**，技術熟練是原因之一，但更重要的是，**我對人性更加熟悉**。當你越跟他爭，他也越跟你爭，這時候我們不要在框框裡轉，要跳出來，先談點別的開心話題，再回來討論價錢或贈品，一切就會順了。

歌手王菲有首經典名曲〈你快樂，所以我快樂〉，對客人是這樣，對主管、同事、家人、朋友也一樣。所以我說能量決定業務量，就是這個道理。

我也要將這本書，獻給在職場上已有一段資歷的人。各位老鳥們，在大後方指揮坐鎮之餘，請**別忘了要時常站回第一線，保持敏銳的市場嗅覺**。以我來說，我現在就算不用每天擦車、也不必假日值班，但每天還是不停的接案子；看到新人不熟練，也一定親自示範怎麼跟客人講。我每個星期的工作時數，比起年輕後輩，只有多沒有少，因此實戰案例仍不斷累積。

這本書能夠完成，最要感謝國都汽車總經理暨和泰汽車副總劉源森先生。有他的伯樂之眼，促成媒體採訪，因而開啟許多機緣。原本一則小小的產業新聞，卻意外受到《蘋果日報》總編青睞而上了頭條，還加派人手來拍動新聞。儘管有了一點名氣，我始終牢記劉總對我說的：「我們都是只有一條路的人，必須勇往直前！」他在和泰超過三十年，從課員一路升遷至車輛營業本部協理，再高升到副總經理，忠誠敬業、低調謙虛始終如一，是最好的身教。

同時感謝大是文化編輯群，協助這本書從無到有，再發光發熱，以及讓我總是美美現身的時尚高手——格蘭西服設計總監陳和平大哥，還有曾榮獲金鐘獎最佳主持人肯定的秦偉，特別為本書寫序推薦。再加上淡如學姊、職場達人憲哥的加持，替本書締造更多口碑。能邀請到他們，是我的福氣，相信讀者們也將收穫滿滿。

《蘋果日報》
動新聞報導

民視新聞報導

第一部

姊賣的不是車，是態度

第1章

做業務，就是在做人

1 寄錯履歷的我，居然錄取了

你好，我是陳茹芬，大家都叫我「娜娜」，歡迎你也這樣稱呼我。

之所以叫娜娜，原因是我覺得「茹芬」兩個字既難寫又不好記，想取個容易讓人記得的暱稱。有天跟客戶聊到該取什麼名字好，大家一下阿芬、一下露露、一下小茹的叫，討論正熱烈的時候，剛好聽到外面廣告車傳來一首歌，唱著：「nana nana……nana nana……」，我覺得「fu」（香港人粵語發音的feel，即為「感覺」的意思）很對，不如就叫娜娜吧。

這個從天而降的名字唸來很順口，後來，的確讓無數客戶在第一時間就記住我，也方便口碑傳播，就這麼一傳十、十傳百，指名要找娜娜（我）買車的人越來越多，幫我在業務路上帶財。現在我的手機來電答鈴不論怎麼換，都特別挑有唱「nana nana……nana nana……」的曲子，每個客戶打電話來，等於在聽我的廣告；因此每當企業邀請我去演講，我常會建議業務朋友，取個好聽又好記的名字，方便客戶記住你。

許多人在報紙和網路上，看到我曾創下一年賣出七百零三輛車的驚人紀錄，最好奇我是怎麼做到、以及什麼背景出身？紛紛詢問我們家裡是不是做生意的，甚至懷疑我是不是TOYOTA（以下簡稱T牌）總經銷和泰汽車、經銷商國都汽車的「皇親國戚」，要不然，怎麼這麼會賣車？

實際上，我的背景很簡單。爸爸是理髮師、媽媽是工廠女工，很平凡的小康家庭，跟業務銷售完全無關。會進入T牌，竟是出自一樁烏龍事件，只是沒想到這個烏龍，意外成就了我日後的各項第一。

因為家境關係，我從小就開始一路打工到專科，做過修布邊的小工、電子工廠作業員、牛排館服務生、候選人宣傳車上的播音助選員……。出社會以後，我起初在模具廠做會計，由於同事說我很有親和力，適合做業務，讓我動了轉職念頭。

有天，我在報上看到一家很有規模的房仲公司在徵業務，於是我特地穿上新買的套裝，比預定的時間提早一小時抵達面試會場，並利用等待時間，反覆讀了幾十遍履歷，不斷模擬面試時的問答情境，希望能一次就被錄取。

等了兩個鐘頭，好不容易輪到我。我暗自深呼吸一口氣，展開最美的笑容要開始面談，沒想到面試官第一句話就是：

「陳小姐，不好意思，你的學歷不符合我們要的大學資格喔。」

結果，我原本燦爛的笑容，瞬間變成有點尷尬的微笑，只能跟面試官說：「沒關係，謝謝。」一再踩著嶄新的高跟鞋走出會場。

想到這段時間以來的全心準備，卻被一口回絕，要說不灰心挫折，那絕對是騙人的。但這次的挫折，更堅定了我一定要做業務的決心。

之後，我每天更用力的盯著報紙的徵人廣告。終於，又被我等到了機會。

當時，T牌和另一家汽車公司都在徵業務，這回我仔細看了學歷條件，很好，沒有特殊限制，我準備好大展身手了！工工整整的寫好兩份履歷後，我分別裝入兩個不同信封寄出去。第一個星期，沒有回音，苦等到第二個星期，電話來了。

對方：「請問陳茹芬小姐在嗎？」

我：「你好，我是。」

對方：「我們這裡是T牌，請問……。」

對方話還沒講完，我就急著推銷自己，想趕快爭取到這個機會。連忙開口道：「喔，我們家就是T牌的忠實客戶，你們的車省油又好開，不只我們家，連我叔叔都很喜歡……。」

對方：「可是，你履歷裡面寫的是，你想應徵另一家汽車公司。」

我：「啊，真的嗎？一定是我太想進你們公司，急忙之中裝錯了，真是不好意思！」

不曉得是這積極的態度，或是我當下機伶的反應打動了對方，總之他們願意先把裝錯信的烏龍擺一邊，給我面談的機會。

豈料，這次我又出糗了。

白目！還沒錄取就差點惹毛面試官

面談過程很順利，我很確定，自己能從外頭那一大排等面試的人裡脫穎而出。當時，協理面試官要我去新莊所報到，我卻一直說老家住萬華，若安排我到萬華所，便能藉地緣之便，可以每天最早到、最晚走，多為公司打拚三小時。

我當下講了一拖拉庫，企圖說服協理，講到他都有點生氣了，直截了當的要我去新莊，弄得在場的其他面試官都很尷尬，偷偷暗示要我別再囉嗦，我這才死心。當時覺得怪怪的，怎麼都是自家公司，為什麼協理偏愛新莊？

後來我才搞清楚，開職缺的是經銷商國都，新莊所隸屬國都體系，而我大力爭取的萬華所，則是屬於另一個經銷體系。真感謝協理有耐心，聽我這個只會踩油門猛衝的新人大放厥詞，還願意錄取我。

幸好，我日後的表現沒讓協理丟臉，報到第三天就開市，賣出我生平第一輛車。之後年年成長，到了二〇一三年結算年度銷售量，我竟然賣出了七百零三輛車，已經**和一般汽車業務年銷大約七十輛的平均值，相差了十倍之多**。

2 做業務，內功看態度、外功看技術

無論各行各業，要把一份工作做好，就得具備像金庸小說提到的，內功、外功兩種功夫。

內功，就是態度，要正向思考。

做業務被客戶嫌、被長官唸，那是應該的，如果把每個挫折都放大檢視、動不動就患得患失，我可能就不用活了。不管你是菜鳥還是老鳥，永遠要保持正面的態度，因為**最好的機會常常就在挫折旁邊**，比方說在後面章節會談到的**奧客，在我眼裡，他們其實是隱藏版的好客**。這類客戶大多沒有業務想主動服務，因此，他對我這個不離不棄的業務員，既是無奈的選擇，又是加倍的欣賞。

這種由奧客轉變而成的好客，不但自己會買，還幫我介紹許多客戶、訂單，甚至有人十幾年後，帶著自己的下一代，專程來找我購車。

外功，也就是技術，熟能生巧還不夠，要有自己的風格。就像我在前面講到的：業務員的外號、小名，不但要跟別人不同，還要讓人留下好印象。

另外像是送禮，就是逆向操作的最好時機。我常說**送禮要送到心坎裡，不在貴或便宜，重點在於要讓對方出乎意料，一次就把你記住**。

刻意送、順手送，看來隨意實則用心

舉例來說，像是中秋節，多數業務都會送月餅，所以有人改送茶葉、文旦或其他禮品，但我**偏偏照送月餅**，只是把層次拉高到香港頂級半島酒店的限量版禮盒，每年得提前兩個月預訂，不然買不到。換句話說，我送的月餅不但**要價昂貴，還很稀少**，收到的人無不驚豔。

還有一種叫做順手送，**看起來隨意，實際上卻做足了功夫**。我曾經去拜訪一位車行老闆，談話過程中我留意到桌上的檳榔盒，我刻意不問那家檳榔攤在哪，回程沿路在大熱天裡一家一家找，終於被我找到。下次碰面的時候，等老闆吃完檳榔站起來要再去拿，我從包包裡順手一抽，假裝不經意的說：「我上次看你吃這家，幫你買來了。」老闆對我的細心留下深刻印象，後來的銷售自然順利。

同樣的做法，運用在客戶愛抽的香菸、慣用的打火機等隨身小物上，也容易產生意想不到的良效，若再加上隨時用來「按打」小孩（台語，打點、安撫的意思）、寵物的小禮物，就更不得了。我常開玩笑，說自己的包包就像哆啦A夢的百寶袋，什麼東西都有。

一盒檳榔、一包香菸，其實值不了多少錢，卻因為一份「我很在乎你」的心意，讓我把每一樣送出手的東西，都變得發光發熱。

客戶買東西不一定只看價錢或規格，特別**像車子**、**房子這類高價商品**，**「感性」決定的比例很高**，他們在來找業務之前，大部分都已經先看好樣式，甚至比過價了，所以要跟你買還是跟別的業務買，往往只差在一念之間。

做業務，就是在做人。不只是賣車，用在其他職場、或是日常生活都很適用；一個隨時廣結善緣、散發正面能量的人，他賣的信任和快樂，早已超過商品本身，徹底實踐這個觀念，就打通了做業務的任督二脈，賣什麼都順。

3 把一個工作做到了不起，而非找個了不起的工作

坊間有很多超級業務的書，談的大多是技術面，只要多練習，基本上都能有明顯進步，然而技術容易學，想改變態度卻很難。我看過一些做了十幾年的業務，嘴上說得很溜，態度卻懶散，顯得很油條。所以我常說「莫忘初衷」，提醒別人也提醒自己，做業務很值得驕傲，永遠**保持一點自命不凡的心，時時要求自己，任何事都要做到最好**。

高中暑假，我曾和同學相約去一家電子工廠打工，工廠在北投，離同學家很近，我卻得每天從萬華騎機車，去做時薪三十五元的工作。

上班時，每天都是我這個住萬華的人，先繞去同學家，敲門叫她趕快起床；上工後才做六小時，她就說要回家了，我說：「你家住隔壁而已，這麼早回去幹嘛？」她說累了要回去休息，結果我一個人留下來，跟其他阿姨們繼續做，做滿八小時以後的時數算加班，時薪升到五十元，我會再拚四小時，每天

做十二小時。早出晚歸，從來不遲到，又比別人晚下班。

更不得了的是，明明是**計時工作，我卻以按件計酬的態度，研究怎麼提升效率**，結果做得又快又多，加上總工時長，績效明顯突出。

暑假結束前幾天，老闆跟我說：「開學以後你假日還可以來做，我給你每小時五十塊錢。你同學如果也要來，我只給三十五元。」

開學以後，我利用假日時間去，還是一樣積極，不過我跟老闆反應，騎機車長途來回有點遠，老闆馬上再給我加薪到每小時六十元。

說實在，我只是一個學生，跟老闆非親非故，如果沒有長期認真耕耘，又保持高績效，怎麼能得到破例，加薪再加薪？

機會，是給準備到滿分的人

高中畢業後，我對聯考興趣缺缺，因此選擇先投入職場。當時剛好碰上選舉，我去幫立法委員候選人葉菊蘭助選，做宣傳車的隨車小妹，一天一千元。我沒有黨派，只認鈔票，我到現在還常說：「沒有錢的人，動力最大。」

有一天，主講大哥肚子不舒服，臨時要跑廁所，他把我叫過去：「妹妹，你先幫我撐一下。我講一遍，你要認真記起來喔。」

那些宣傳口號我從早聽到晚，不但早就記得，私底下還常常模仿，根本難不倒我。我用台語親切的說：「各位鄉親、各位朋友，大家午安大家好，現在是立委候選人第○號葉菊蘭，第○號葉菊蘭，親自來到現場跟大家請安。」從音色、語氣到抑揚頓挫都有模有樣。

這個「撐一下」的結果一鳴驚人，大家直誇我比大哥的菸酒嗓還有親和力，加上長得可愛，從此取代大哥成為宣傳車主講，薪水更從原本一千元跳級到三千元。雖然要從早上八點講到晚上十點，我還是甘之如飴。要說是運氣嗎？當然有。如果大哥沒有忽然肚子痛，絕對輪不到我代打，但**沒有實力的話，這個運氣最多只能保持十分鐘**，不可能還有後面出乎意料的發展。

講到態度，大家常說「機會，是給準備好的人」，我認為準備好的定義還不夠清楚，機會，應該是給準備到滿分的人。身在職場，我的態度是，**把一個工作做到了不起，而不是做一個了不起的工作**。我從沒因為做的事情小而隨便，在任何地方都要做到能被人看見、讓人驚豔，創造不可取代的價值。

4 為什麼別人應該給你一個機會？

十八年前我進入國都汽車，曾經創下一個紀錄，讓我們家協理記憶猶新，還常在公開場合拿出來勉勵同仁。

當時，他剛做滿十年所長任期，調到車輛部，辦了一個交車說明比賽，用意在讓業務同仁熟悉交車流程。我也報名參加，事前每天抱著稿子背，不允許自己失分。**參加考試**，我從小的觀念是：**一分都不能少，第一名是應該的**。

輪到我上台時，我從頭到尾一字不漏、大聲唸出來，順利拿下滿分。協理說，他從沒碰過像我這麼厲害的選手，他在台下一個字一個字看著稿子對，真的一字不漏，像是影印機在印稿子一樣。你一定好奇，為什麼我能辦到？

第一，第一名有三千元獎金，我不會放過任何一個機會，以及任何可以賺到的錢。獎金雖然不多，但是只要用心，一定可以背好，那為何不好好做？

第二，我對自己的要求是「不留任何遺憾」。明明可以拿一百分，如果因為準備得不夠，只拿九十八分，是不是很嘔？**與其事後遺憾，不如事前充分準**

備，用滿分拿下全勝。

機會很重要，但不可靠

不只交車說明比賽，像產險等大大小小考試，十八年來我都一次就考過。以常態分布圖來看，大部分的人智商其實差不多，所以考試也好、做業務也罷，成功與否都只差在態度，而**沒有能不能，只有要不要**就是我的態度。就像很多業務老掛在嘴上的：「大哥／大姐，請給我一個機會」，聽到這種話我會反問：「為什麼要給你一個機會？」

哪裡機會最多？到遊民多的地方走一趟，機會到處都是——就在他們每個人放在面前乞討的碗裡。運氣好，客人丟一千元不用找；運氣不好，一天下來連十塊錢也討不到。機會很重要沒錯，卻往往不可掌握；做業務不能靠機會，要靠自己勤跑客戶、練習技巧、建立人脈等，這些才是可以控制的項目。

用心經營，讓努力成為實力，人生靠實力，比靠機會踏實多了。

5 切割情緒、化解轉移，成交變得容易

有了堅強的態度之後，再來就是處理情緒，這也是很多業務員的關卡，把生活議題、職場議題跟業務議題全都混在一起，最後動彈不得。例如：

- 跟家人吵架，把情緒帶到公司，是生活影響了職場。
- 工作沒做好，被長官修理，把情緒帶給客人，是職場影響了業務。
- 把工作上不管壓力大、被長官責罵、跟同事處不好，或被客人嫌的情緒帶回家裡，是職場和業務影響了生活。

因為一點點不爽，走到哪裡整天掛張臭臉，搞得好像全世界都對不起他，這樣的人業績怎麼會好？人際關係怎麼會和諧？

處理情緒有一招很好用：切割，也可以說是一種轉換，心念先轉，運氣也會跟著轉。碰到煩心的人事物，我也會有情緒，但我絕不把它帶給下一個客

人，更不用說帶進辦公室或帶回家。方法很簡單，你也可以這樣做：

一、跟別人找話題聊天，給我正面能量

不開心的時候，找會稱讚我、喜歡我的客人聊天，打電話或實地拜訪都可以，天南地北聊一聊，不但能經營關係，又轉移注意力。或者，找同事裡面的開心果，隨便扯幾句新聞話題，再不然問問最近有什麼團購好貨，我來揪團，大家一起湊免運費，都好過自己生悶氣。

二、找人分享，中斷不愉快的思想

我很愛分享，享受那種被人需要的感覺，有時候我會找年輕同事聊職場、聊生活，因為我得動腦筋給他們建議，間接**中斷了自己原本不愉快的念頭**。演講邀約也是分享，看到自己的實戰經驗可以給這麼多人鼓勵，少繞幾年冤枉路，課後大家拍拍照、交流心得，就覺得很開心，原來的負面情緒全忘了。

三、逗別人開心，自己也跟著放開了

想化解情緒不只靠朋友排解，你也可以主動出擊，刻意搞笑、娛樂別人，效果更好。國片《我的少女時代》很紅，我去電影院看了三遍，之後跟不同人討論，才發現每個人的共鳴點都不同，但大家年輕的時候都很愛耍白痴，看到別人笑，自己也跟著把煩惱拋開了。這樣的做法原本我們都懂，只是長大後變得內斂、不再搞笑；其實，有時候放輕鬆點，才不會把自己壓垮。

每個人特質不同，處理情緒的方式也不一樣，像我比較喜歡跟人接觸，從客人、朋友身上獲取正面能量；有的人喜歡看書，有的人喜歡運動，各不相同也無妨，只要適合自己就好，總之不要隱藏情緒，壓抑久了小心悶出病來。

先切割，讓不開心暫停一下，不影響生活和工作，然後用正向循環去消解。一旦情緒恢復穩定，案子就比較容易成交，一成交，什麼不開心都沒了。

做業務是一場超級馬拉松，是不是贏在起跑點不重要，重要的是贏在最終點，除了銷售技術外，更要有堅定的態度，以及有效率的情緒管理，這就是讓我穩健領先的三大武器。

賣車女王十倍勝的業務絕學

□想被客戶記住，先從取個好聽又好記的暱稱開始。

□做業務就像練功，態度和技術都重要：保持正面態度，最好的機會常常就在挫折旁邊；技術上要訴諸感性，送禮得夠細心、特別。

□機會，只給準備到滿分的人。身在職場，重要的是把一個工作做到了不起，而不是做一個了不起的工作。

□工作上遇到不如意，先切割情緒，讓不開心暫停一下，不影響生活和工作，然後用正向循環消解。

第2章

超級業務和一般業務，只有一點點不一樣

1 客戶主動宣傳：娜娜週日不上班──憑什麼？

同樣做業務，那些很會賣的超級業務（即超業），和一般業務員有什麼不一樣？

我在第一章有提到，入行之前我對業務工作完全陌生，但當我轉職後，滿腦子只想成為第一名。

那個年頭還沒有超業這個詞，等到我被人稱為超業，才發現**一個月成交的訂單數，可能是別人一整年的量**。後來我常被問起，怎樣才能成為超業？直到那一刻，我才回頭思考，我進階為超業的原點是什麼？

如果只能有一個濃縮到最精簡的答案，我想應該是「超級企圖心」所致。

小時候，爸媽都忙著工作，我算是所謂的鑰匙兒童，一天甚至和人說不到幾句話，以現在的用語，就叫宅女。

有一天對街發生火災，媽媽從外面衝回來，看我還呆呆在家裡看電視，立刻大叫：

「你是不知道對面火燒厝喔？」

「有嗎？」我傻傻的說。

媽媽說，那天到處都是濃煙，消防車一輛輛「喔伊～喔伊～」的趕來搶救，路上全是塞住的車子和看熱鬧的民眾，我竟然毫無反應。事後回想，就算不是太過專注於電視裡的卡通影片，而沒聽見外面的聲音，以宅女天生慢八拍的速度，或許一無所覺的待在家裡，才是最合理的做法。

不過話又說回來，老天爺的安排就是這麼奇妙，相對於宅女慢八拍的速度，祂給我的另一面，是對「完美」的自我要求。

前面也提過，碰上考試，我一分都不能少、考第一名是應該的。從小學開始，成績名列前茅是家常便飯；上了國中，我還曾在台北縣市（現在叫雙北）聯合舉辦的國文、數學競試雙雙拿下滿分。我準備的原則很簡單：為了預防考試現場失常，事前一定反覆做題目，做到讓自己有一百五十分的把握，也就是不只答得對，還要答得快，萬一當天身體不舒服或有任何突發狀況，我也完全不受影響。

不只努力，還要用對方法增加效率

我很小就開始打工，靠自己的雙手賺取想要的東西。而我那追求完美的個性，也充分展現在工作上。比方小學時我很想要腳踏車，當時車況較佳的中古腳踏車，一輛賣一千兩百元，我就利用暑假去工廠修布邊，剪一邊一毛錢；一條布有四個邊，可以賺四毛，相當於要剪三千條，才賺得到一輛腳踏車。

當別人一個邊翻一個邊，一條一條慢慢剪的時候，我卻懂得採用專注剪單邊、整批剪完再換邊的方法，加快完成件數，效率是他們的二至三倍。

每剪完一條，我就想像腳踏車從完全透明，到可以看見輪胎、踏板、鏈條、把手，那種逐步實現夢想的感覺，讓我每天上班都好期待、好開心，工作態度也比其他人還更積極。沒想到這一切，工廠資深的阿姨們都看在眼裡，最後傳到了老闆那裡，他主動替我加薪，說每做到五十元就多給十元，等於付我六十元薪水，鼓勵我手腳再快、再多做一點。

這個小小的成就感，對我後來的工作態度有很大啟發：

一、有清楚的目標，就會為了實現而努力。

二、接到事情，**不要一抓來就埋頭苦幹，先想一想怎麼做效率最好**。

三、認真做一定會有人看到，只要被看到，就有被獎勵的機會。

這幾年流行小確幸，很多人認為有賺到錢、不會餓死就好，不必太拚命，才能兼顧事業與生活品質，我卻完全不這麼想。再小的工作，都要當大事在做，不僅報酬比別人好，還增加了自己的能耐，跟別人拉開更大的差距，充分發揮實力，做自己人生的主人。

以我來說，雖然也經歷過工作到沒日沒夜、無法放假的階段，但只要熬過來，有了穩定的業績和客源之後，就會像倒吃甘蔗一樣苦盡甘來。例如：我現在固定星期天不接單的原則，已經自動在客戶間傳開，還有老客戶會提醒新買家「娜娜星期天不上班」，那種感覺好讚！

2 業務要應酬拿訂單？我用家規創造客戶

許多人好奇，在這個光是達成業績目標都很困難的時代，我如何屢屢創造新紀錄，那七百零三輛車的年度銷量是怎麼來的？

我很難畫圓餅圖，告訴你這個占多少比例、那個又占多少，不過可以確定的是，我並不是從零開始。入行十八年來，每天早晚，無論有沒有進公司，我自然有禮貌、隨時樂於幫助人的態度始終如一，無形中幫我累積了好形象跟好人脈；這些人脈在某些時刻發揮了作用，帶來一張又一張訂單。

「對人要有禮貌」是我們陳家的家規。前面提到我是宅女，從小就被家裡要求碰到人要問好，於是上學時，我都是「張媽媽好、李伯伯好」的一路問好出門，放學時間再一路問好問回來。有時候走到一半，發現忘了帶東西衝回家，又得重新來一遍。我有禮貌這件事，在附近鄰居間出了名。

長大以後，鄰居知道我在賣車，都很樂意幫忙介紹。原因很單純，他們看我從小到大都這麼有禮貌，態度一直沒變，誠信自然沒問題。

我老家附近有個姊姊，從小個性冷漠，很少跟人打招呼，但最近聽說她忽然變得很熱情，滿口「張媽媽好、李伯伯好」，你會不會覺得哪裡怪怪的？聽鄰居林媽媽說，這個姊姊在做保險業務，業績似乎不大好。

相信不用我多說，你也知道為什麼。

整理廣告單送清潔婦，她全家都成我客戶

常常聽人說做業務，觀念很重要，什麼是觀念？**能否時時保有服務熱誠，就是一種業務觀念**。如果做業績有分上班下班、開機關機，那就奇怪了，客戶臉上會寫他就是客戶，非跟你買不可嗎？當然不是，**任何人都可能是潛在買家，你得隨時做好準備**。

舉個例子，我們公司附近有個做資源回收的媽媽，我看她年紀一把了還出來做事很辛苦，有時會把過期的廣告單整理一下，放在車子後面的行李廂，載過去送給她，並跟她說我剛好下班順路，以免她不好意思哪天專程跑來道謝，那就違背我原先想幫助她的本意了。

跑了幾趟下來，聊了幾回，知道她並不是沒錢才來做回收，相反的，她的家境相當不錯，只是因為在家沒事，才跟著宗教團體一起回饋社會。彼此熟了以後，有一天她問我在做什麼，我說在賣車。

她很高興的說：「這麼剛好！我大兒子最近正想買車。」

有媽媽的極力推薦，我很順利的賣了一輛車給她大兒子。賣車給大兒子之後，在竹科做工程師的二兒子聽到媽媽和哥哥的口碑，也幫我轉介他們公司想買車的同事，又成交了幾筆訂單。

資源回收媽媽和我先前並不認識，更不用說有什麼利害關係，我純粹想幫助辛苦的老人家，沒想到多賣了好幾輛車。原來**社會上一般人都缺乏人脈，一旦取得他們信任，就能累積口碑，訂單便一直來，業務就再也不必陌生拜訪。**

3 遭人忽略的人，我絕不大小眼

前面提到，我習慣見人就打招呼，連對在我家前面掃地的打掃媽媽也不例外。記得很久以前，我第一次笑著跟她說早安，她有點不習慣；第二天又說早安，她勉強擠出微笑，還有點尷尬；第三天再說早安，她就習慣了，也大方笑著跟我說早安；第四天開始，換成她主動跟我說早安。在我的觀念裡，**人與人是平等的，不因為你有錢我就禮貌多一點，你沒錢我就禮貌少一點**。

有一年中秋節，我送了一盒月餅給這位打掃媽媽，感謝她的辛勞，還跟她解釋一番。我說我本來不大吃甜的，幾年前，在偶然的機會下吃到香港半島酒店的奶黃月餅，覺得超級好吃，就固定買來送給客戶，看她每天這麼辛苦，我特別預留一盒要跟她分享。

會講這一大段，有兩個原因：第一，我送出手的禮物，每一個都要讓它發光發熱。第二，**她的辛苦值得收這樣一份禮**。就算不是買車的客人，至少也是和我每天生活有關的人。

送了月餅給打掃媽媽以後，我常對身邊的人開玩笑說：想知道我家在哪？每天早晨六點到七點，你看萬華地區哪家門口最乾淨，那戶就是我們家。

更沒想到的是，這位打掃媽媽做送貨員的先生幾個月後要買車，你覺得他們會想到誰？沒錯，就是我。因為體諒打掃媽媽的辛苦送了一盒月餅、多交個朋友，我不但讓家門口變得超乾淨不說，還成交了一輛客貨兩用車。

態度比話術更重要

汽車業界有個流傳很久的故事，同業們可能都聽過：有天一位理平頭、穿背心短褲拖鞋的阿伯，到進口車展示間看車，結果沒人理他。好不容易來了個業務員，問話有一搭沒一搭、愛理不理，幾句話就打發阿伯出門。阿伯很生氣，隔天照樣背心短褲拖鞋又去，但手上多提著一個麻袋。他走到櫃檯，打開麻袋倒出來，竟然全是現金，這下大家才明白，原來阿伯是有錢人。

客戶臉上不會寫自己是客戶，非跟你買不可。我喜歡給人帶來正面能量、讓人開心，這比銷售話術更重要。多為別人想，自己快樂，別人也快樂。

4 成交不是到此為止，是另一張訂單的開始

入行初期，我什麼都不懂，只有一顆「憨膽」。有天來了三位穿著短袖、短褲、拖鞋的男士，樣貌穩重，衣著卻非常隨便，一時之間有股兜不起來的違和感。上前一聊，才知道是高級單車零件廠的老闆和副總、廠長三人，他們剛打完高爾夫球換了衣服，回公司路上順道來看要換的貨車。

他們打算買當時最暢銷的瑞獅（ZACE），由於需求和預算都很明確，我發揮憨膽，用力介紹瑞獅多好、多省油，載貨空間超級大，日後維修又便宜，一邊判斷他們應該會買。談到最後只卡在價錢，對方說再降五千元就現場下訂單，但是我左算右算，把獎金都貼完了，也沒辦法降這五千元，只好跟旁邊的學長求救。

本來期待學長能靠厲害的話術幫我拗回來，哪知他當著我的面跟客人說：「她是菜鳥，賣的量還不夠，所以沒有獎金；我是老鳥，這個月已經賣了五、六輛，有成交獎金，不如你跟我買，我可以折價給你。」

一般人聽到這裡，絕對氣到頭頂生煙、雙手握拳，心中暗想回頭一定要找主管討個公道，但我沒有。因為衝擊實在太大，我當下只覺晴天霹靂，沒想到汽車界這麼黑暗，瞬間楞住不知如何反應，根本來不及傷心。

沒想到，那位老闆並沒有答應學長，說要再跟兩位重要幹部討論，晚一點再回覆我們。

把學長支開以後，這位老闆回頭跟我說：「我本來不相信你沒賺我們錢，但聽了剛才那個男業務講的之後，我確定你真的沒有多賺。這樣好了，我跟你買，不用降那五千元，我希望給你一個鼓勵，也讓你相信這個世界不是那麼黑暗，還是有好人的！」

他還提醒我**要懂得看人，要留意知人知面不知心**。順利成交、客戶還給我鼓勵，對一般業務來說，故事在這裡就畫上完美句點了。但是，我只把它當成逗點。

聽出客戶還有需求，又賣一輛

瑞獅交車那天，我留意到該老闆開的是有點年分的歐洲大車，順口以老闆座車為話題聊起來，並聽出他有想買一輛新車給廠長的需求。當時T牌有一款美規的GOA CAMRY，價錢不會太高，兼具開進口車的氣派感。我想或許可以推推看，又再憑著憨膽，大力介紹CAMRY外觀漂亮、內裝豪華，開起來安靜、車體結構強，安全性高、馬力又大，油門一踩下去「咻～」，馬上有超強勁的貼背感，更勝他現在開的這輛歐洲進口車。

這位老闆前面都沒講話，唯獨聽到這裡，笑著打斷我：「CAMRY有貼背感？比我這輛還會跑？我怎麼從來不知道，哈哈哈！」

聽到這句話，看他的表情，我知道自己吹牛吹過頭了，也就尷尬的跟著陪笑。幸好老闆沒太在意我在專業上的不足，反而很欣賞我的天真、有衝勁，再加上買瑞獅的時候，從看車到交車都很愉快，於是他接著也買了那款進口CAMRY。對一個菜鳥業務來說，可以連續成交兩輛車，真是非常大的鼓勵。

這件事的重點在於，我沒有像一般業務那樣，成交後乖乖辦完手續就走，而是**從老闆自身開的車聊起**，**聽出新的需求**，順勢讓他實現想送好車給重要部屬的心願，也讓我自己的業績往前邁進一步。

然而，老闆對汽車性能的輕微吐槽，讓我暗自下定決心，要補足專業上的不足。**天真衝勁偶爾能感動人**，**卻不能天天靠運氣吃飯**，唯有專業，才能讓業務生涯走得更穩。

對了，那位心機學長後來因為長期業績不好離職了。行走江湖，手法可以靈巧，但在誠信方面，還是呆一點比較好。

5 五十元佣金我也親洽，點燃需求不能靠電話

隨著業務經驗日漸豐富，我的「武器」也越來越多，除了對車子的知識外，還有辦理汽車保險這些周邊服務，時常替我帶來想像不到的訂單。

例如每隔一段時間，公司會因為同仁異動，而放出一些名單轉給我們接手，許多人拿到案子，就按照規定打電話過去，像政府宣布政令那樣，照稿念完就結束。最常聽到的結尾是：「如果有什麼問題，記得再跟我說，謝謝。」這句話其實有個語病，反過來想，**客戶若沒有問題，是不是就不用來找你了？**

其實不管是接手別人的客戶，或者曾經跟自己買過車的車主，都要**「找理由」跟他見面**，只做政令宣導、不積極和對方約見，等於浪費公司電話錢。

我曾碰過一個特例，某學長因病過世，公司把名單移交給一位同事，同事很乖，照著名單一筆一筆打過去說：「您好，我是某某某的同事，因為他往生了，所以之後由我服務您。」我說據實以告很好，但這樣講話很容易讓客人不舒服。我把電話拿過來，讓同事隨便挑一個號碼，當場示範了我的做法：

「黃大哥，你好，我姓陳，我叫娜娜，是新莊T牌某某的同事。不好意思，他因為生涯規劃，現在沒做了，以後有什麼問題，跟以前一樣，打給我就可以了。」

這種說法對任何名單都適用，我日常生活中怎麼跟朋友講話，對客人就怎麼說，讓對方在第一時間感覺像在交新朋友，不會冷漠的掛上電話。就算不是本人來接，我也會熱情招呼：「啊？黃大嫂喔，請問黃大哥在嗎？」故意喊得親熱，順勢讓對方把電話轉給本人。

電話轉給本人後，我會說：「黃大哥，你現在有在忙嗎？」

黃大哥：「嗯……還好。」

我：「你這個車子現在轉到我這邊，我把資料整理好了，想跟你拜訪一下。你明天在嗎？我看強制險到期了，明天過去一趟好不好？」

黃大哥：「明天有事耶。」

我：「那麼後天呢？」

黃大哥：「不行，也有事。」

我：「大後天呢？」

只要態度親和，一般來說客人不會直拒絕，**大概到第三次邀約**，**就會給個答覆**。假如還是不行，那麼我會說：「後天我剛好要去你們公司附近，有好幾個客人要談，大概一整天都會在那裡，這樣好不好，給我幾分鐘過去講一下？」都已經這樣溫柔而堅持了，客人大多會「哼哼哈哈，好啦好啦」的答應。

見到面以後，我不會簡單遞張名片、寒暄幾句就走，而是跟他說：「黃大哥，你車子在哪裡？我幫你看一下。」現在大樓多，車子通常停在地下室，到這個階段，我就從大門口前進到地下室了。

看到車子，請黃大哥打開引擎蓋，我巡一巡引擎室裡面的機件（東摸西摸意思到了就好，**重點在把手弄髒**）之後，我會說：「大哥，不好意思，手有點髒，可以借個廁所洗一下手嗎？」

就這樣，我又進入對方家裡或公司，準備接下來進一步的洽談。

在這裡先提醒一下，女性業務要進到「非公開場合」，請注意自身安全，有必要的話可以請男性同仁陪同，像我有時候就會以帶新同事拜訪為名，找男性業務員一同前往。

見面三分情，小單想辦法滾成大單

跟前面買了瑞獅、又接著買CAMRY的那位單車零件廠老闆一樣，見了面聊一聊，可以了解客人現在的狀態、拉近距離，又順便聽出他新的需求。若是在他家裡談，可以從擺設、家人切入，有機會讓他在國家規定的強制責任險之外，多買幾張不同的保單。舉例來說：

- 剛結婚、或是生孩子的人，更在意家人安全，可以提醒他至少要提高強制險保額。
- 男人整天在外面跑，對家庭經濟責任重大，提醒加保第三人責任險，萬一發生事情，可以將賠人賠車的重擔，轉給保險分攤。
- 現在雙B、保時捷還有超跑滿街都是，不小心碰撞一下，看到賠償費用頭都暈了，保個意外險，可以避免荷包大失血。

- 如果車子老舊，最近有出新車，可以來試乘，喝咖啡、吹冷氣不用錢。
- 親朋好友有誰最近想買車、換車的？幫忙留意一下。

如果什麼都不需要，沒關係。親戚朋友若有強制險到期，一通電話我服務馬上到，開什麼牌子的車都無所謂，我都能處理。除了剛才給過的名片，再塞一張到桌板底下，讓他想不看見也不行，總之有任何車子的事，找我就對了。

人不會主動說出口的需求，都必須透過見面才有辦法挖出來，不是打一通電話說：「如果有什麼問題，記得再跟我說喔。」他就自動告訴你。找理由跟客戶見面，原本跑強制險五十元的佣金，貼油錢都不夠，但透過小單滾大單，少一點可能變成兩千元，多一點的話，就有可能讓你多賣一輛車。我那年創下銷售七百零三輛的紀錄當中，有幾位運將大哥換新車，就是從一句「這車險我去幫你辦」滾出來的。

6 難搞的奧客，其實是隱藏版忠實戶

前面說了很多很幸運的例子，但做業務出來跑，我當然跟大家一樣也碰過奧客，而且是奧運金牌等級的奧，奧到連主管都勸我放棄。

事情也是發生在我剛入行的菜鳥時期，一對夫婦到營業所來看車，和我同樣姓陳，家裡開小工廠。陳大哥穿T恤、短褲，理個平頭，身材微壯，標準的老闆樣。他們表示常要載很多人，選了客貨兩用車海獅（HIACE）。和一般顧客一樣，也會殺價、拗贈品，談了很久，我也充分展現誠意，給了最大額度，陳大哥最後丟下一句：「我會買，但是要再想一想。」就走了。

看著他們留下的聯絡資料，每個欄位都有填，加上他整個人給我的感覺很穩重，可信度應該很高，因此我願意多等幾天。哪知一個星期過去，對方完全沒有回音，我覺得有點不對勁，乾脆按照資料，直接前去拜訪。

一開始也是先聊天，天南地北無所不聊，我從稱讚從沒看過這麼整齊又乾淨的工廠，到專業的塑膠射出技術都能聊，站著講不夠，我自己搬張椅子，坐在機台旁邊繼續聊。

講著講著，我感覺時機成熟了，把話題引導到車子上，沒想到陳大哥立刻四兩撥千斤的把話題帶開，本來我以為在引導他，實際上變成他引導我。這種情形我幾乎沒碰過，當天講了三個小時毫無進展，只好推說我還有事情得回公司，摸摸鼻子打了退堂鼓。

請主管陪訪，反而勸我換個客戶

我從小就是「一分都不能少，第一名是應該」的個性，怎麼能忍受被客人打槍？第二天再去，同樣從日常瑣事聊到技術專業，他們夫婦很有耐心的一邊做事，一邊跟我談，不過還是一樣，只要提到車，話題就跳走。

第三天，我只好請資深的學長（不是當初搶我客戶的那位）陪訪，或許有機會突破也說不定。

很抱歉，連學長也沒輒。

第四天，我請學長和主管一起出面，看看會不會更有力。

還是抱歉，主管也沒輒。更慘的是，之後他們抽空又陪我跑了兩趟，結果都一樣，聊天可以，賣車免談。有天傍晚回到公司，主管勸我不如把時間放在別的客戶上，可能還比較容易成交。

我猶豫了一下，決定跟這個陳大哥拚了。沒有任何判斷依據，**我只是不甘心、不想放手，而當你什麼辦法都沒有的時候，「堅持」就是一種辦法**。

接下來，我又回到孤軍奮戰的狀態，我每天都去拜訪，碰到他們在忙，就問大嫂掃把在哪裡，主動拿來幫忙掃地；有客人來，我就去泡茶；吃飯時間到了，我也跟著全工廠的人一起吃。

一、兩天後，陳大嫂開始將掃把、茶具放到定位，方便我一來就自動去掃地、洗茶具、泡茶。慢慢的，客人、廠商、他們在宗教界的朋友……全都認識我，外加每天少則兩餐、多則三餐跟著吃，簡直跟家人一樣，只差沒帶便當盒去裝。

就這樣前前後後攪和了十幾天，陳大哥忽然主動開口說要買車，這……這真是太感動了，我整個人樂不可支，感覺那天陽光特別燦爛！

我問陳大哥為什麼終於願意買了，他說自己防備心重，總覺得**業務員是因**

為要賣東西才跟他搏感情，他其實並不喜歡，因此雖然保持基本禮貌，卻不會真的相信對方。就算聊了他最熱衷的宗教話題，但他始終明白，我的動機是為了賣車，對於那些宗教理論，一定也是左耳進、右耳出，根本不會認同。

陳大哥之所以相信我，是因為看到這段時間以來，我真的願意誠心付出，到後期也沒有再動不動就談到車子。更重要的是，每一個往來的客人、廠商、宗教界朋友，對我都只有講好沒有講壞，有了他們的口碑，陳大哥才終於卸下心防。我對他來說不只是賣車的業務，更是家裡的一份子。

當每個人都避開奧客，機會就是你的

這次成交對我來說，是業務生涯的巨大轉捩點，帶給我一些啟示：

一、真誠堅持，機會就是你的

就像我小學打工去修布邊學到的，認真做一定會有人看到，只要被看到，就有加薪的機會。台灣俗語說「戲棚下，站久就是你的」，自然有它的道理。

二、奧客其實很寂寞

當你覺得這個人是奧客，別的業務通常也會這麼覺得。當別人都不想跟他接觸，這個奧客也只剩下我這個業務了，這時候你覺得機會是誰的？

三、難攻的奧客，往往是隱藏版的好客

俗話說「物以類聚，人以群分」，**如果車主是龜毛型的人，周邊朋友大概也差不多**，也就是他們會形成一個固定的圈子。以陳大哥來說，他的每個朋友說我好，他就知道我是真的好，而願意跟我買；同樣的，他這麼龜毛都跟我買了，等於幫我掛保證，好像武俠片裡的主角通過少林寺十八銅人考驗，終於獲得認可一樣，後來我順利打進他們的朋友圈，賣了非常多車。

所謂奧客，其實都有自己的堅持，只要**抓到跟他相處的眉角（台語，訣竅的意思），就能變成一輩子的好客**。

四、不要帶著想賣東西的心態跟客戶交朋友

若你只想從客戶身上賺錢，對方一定有感覺，要跳脫拚業績的思考，專心交朋友，時機成熟後，他不但會跟你買，你們的關係還會長長久久。

陳大哥不只自己買了一輛客貨車、轉介朋友跟我買了很多車，多年以後，當三個孩子長大了，還帶全家一起來買車，我的「家人感」再次發揮效果。但這是另一個故事，請容我先賣個關子，放在第六章再續前緣。

7 別把情緒寫在臉上，格局就會大

我家附近有個鄰居，習慣一大早就把貨車停在巷口，他的方便卻造成大家的不便。巷子已經沒多寬了，這麼大一輛貨車擋在那裡，還打開門上下貨，其他人車子開過去，簡直就是技術大考驗，跟當初在駕訓班考駕照沒兩樣，有一次我還不小心「A到」（台語，小擦撞的意思），自己花錢修理。

我也認為他這樣不好，卻從來沒有跟著罵，甚至連一句：「可以請你把車移走嗎？」都沒講過。現在新聞常常報導，很多人稍微一點口角就打起來，甚至拿刀互砍，這是情緒管理的問題，也可以說是格局不夠大。我如果跟著不爽、一直碎碎唸，那天還沒開市，心情就打壞了，划不來。

一開始我也很急、很氣，轉念以後，我改變了做法，距離他幾公尺就先停住，給他更寬的空間上下貨，然後在車上靜靜等，聽聽音樂，想一想今天要拜訪哪幾個客戶，有什麼事情要處理的，**讓自己在車陣裡保持平心靜氣**。等路通了，經過貨車旁邊，我會搖下車窗跟他們點個頭，微笑說聲：「謝謝。」

主動釋出善意，對方以訂單回應

「謝謝」有效了以後，我再進階到打招呼，經過貨車旁邊，搖下車窗改說「早安」。他們還是不習慣，表情又僵住了，我沒有放在心上，繼續第二天、第三天、第四天……天天道早安。一個星期過去，我開車接近他們貨車的時候，他們會停下動作等我過去。當我搖下車窗說早安，他們會對我點個頭。

幾個月過後，神奇的事發生了。大家都是鄰居，儘管不熟，但他還是得知我在賣車，有一天晚上，他過來問，家裡要買自用車的話，哪一種比較好、多少錢、可以送什麼配備之類的，講一講很快就決定了。

如果我也跟大家一樣只會跟著罵，或許早把這張潛在訂單罵走了也說不定。對人友善，或者說以柔克剛，本意都是為了自己開心，卻意外替我帶來訂單。對人有禮貌，再加上堅持，奧客會變好客，奧鄰居也變好鄰居。懂得體諒、轉念，別把情緒寫在臉上，你的格局就會越來越大。

賣車女王十倍勝的業務絕學

□超級企圖心，是成為超業的關鍵。不只努力，還要用對方法增加效率。

□業務工作不分上下班，任何人都可能是潛在買家，你得隨時做好準備。

□給人帶來正面能量、讓人開心，比銷售話術更重要。

□成交不是到此為止，是另一張訂單的開始。好的業務員絕不因有賣出去就滿意，而是找機會多賣。

□人不會主動說出口的需求，都必須透過見面才有辦法挖出來。

□難攻的奧客，往往是隱藏版忠實戶，但別帶著賣東西的心態跟客戶交朋友，關係才會長久。

第二部

銷售女王的超業話術

第3章

八個破解技巧，「回去想一想」變成現在就簽約

1 客戶愛殺價、拗贈品？怎麼破解？

業務每天的銷售過程，都充滿話術應對技巧，常常幾句話之內就決定會不會成交。「我回去再想一想」是客戶最常用的藉口，同時會帶出許多他無法現在跟你買的理由。有些業務一聽到這句就當機，不過在我聽來，這句話**等於在說：「如果你能解決我的問題，我立刻就跟你買。」**

這些理由大多可以破解，多引導一點、讓他多講一些，成交機會也跟著提高，不要聽客人說要想一想，就真的放他回去，試著找出關鍵點，讓他變成現在就簽約。逆轉的感覺很爽，有一、兩次成功經驗，你的信心就會大增。

客戶下單之所以卡關，殺價絕對排前三名。各家公司通常會把怎麼應付殺價，放在話術手冊裡；我在演講時，也最常被學員問到這個問題。我發現許多業務講完「這已經是特價囉」、「我已經殺到最底了」之後，雙方依然卡在那裡。汽車是高單價商品，差一％就差很多，殺價的戲碼天天上演。以下我整理出幾個實際案例及破解關鍵，裡頭的對話都真實發生過。

■實例一：客戶先出招，向業務開支票

客人：「你算我便宜，以後我再介紹客人給你，我說話算話。」

我：「你買了再介紹客人給我，我包紅包給你，這樣我又多一個客人。」

客戶想買但提不出理由殺價，所以先開一張「以後」會介紹客人的支票給業務，來換取降價空間，算是軟性套交情。

這時候我們讓他碰個軟釘子，謝謝他的好意，同時把開支票的主導權搶回來，請他先買，再成為我們的「柱仔咖」（台語，樁腳的意思），真的有介紹朋友，成交再包紅包，我還多一個客人，等於雙方都賺。

破解關鍵：客戶想套交情，先給他軟釘子碰，再把主導權搶回來。

■實例二：客戶直接說要降多少錢，或者拗贈品

客人：「你再降一千五百元我就買。」

我：「已經沒賺你的錢了，哪還能降一千五百元？」

客人：「要不然你送我一個窗簾。」

我：「就已經沒賺，怎麼送窗簾？」

客人：「你送我窗簾，我現在就買！」

我：「窗簾要多少錢，你覺得？」

客人：「差不多……一千五百元。」

我：「這樣好了，窗簾一千五百元，**不如交車那天我請你吃飯**，點兩千元的菜，我們一起吃，吃得開心，我還多交一個朋友。」

大家有沒有發現，人一旦進入拗東西的狀態，講話會像鬼擋牆一樣重複？**當他殺價殺不下來，態度就會轉成賭氣，非拗到一個差不多價錢的贈品才甘心**。這時候我們不在「要不要降、降多少、要不要送、送什麼」這個圈圈裡面

轉，要跳出來，**用「不如……」的句型轉移焦點，順勢提出另一個方案，重新營造快樂氣氛**，也就是不如把這筆錢拿來吃飯還比較開心，金額還加碼，從一千五百元加到兩千元。不論從感性或理性來看，客人都是賺到的那一方。

請注意，**「不如」必須緊跟著「交車那天」**。我說不如交車那天我請你吃飯，而不是不如我請你吃飯，差交車那天四個字就差很多。跟實例一的例子一樣，**所有支票都要在購買後才兌現**。

有人會問，客人如果真的答應怎麼辦？我的經驗是：

一、這個說法的重點在轉移焦點，讓他冷靜下來，真的請他吃飯的機率非常非常低。

二、如果對方真的說好，那就去吃吧。就客戶的立場，交車當天還跟業務一起吃飯，大概是很難忘的經驗，能被客人牢牢記住，這筆錢花得也算值得。

輕易答應送贈品，不但不會幫助你快速成交，還會被當作理所當然，變成你本來就該送，反而更加軟土深掘。

送贈品是業務的一大學問，要做到送五十元的東西，就要有五十元的價值，客人才不會沒感覺；再不然就是問你為何上次有，怎麼這次沒有？習慣成自然，往後你沒送他就不買。

破解關鍵：善用「不如……」句型，從鬼擋牆的話題中跳出來。

■實例三：客戶一直比價，要你再賣便宜點

客人：「你比別人貴三千元耶。」

我：「你知道這三千元花得多值得？你如果因為這三千元沒跟我買，以後經過我們營業所都覺得尷尬；現在跟我買了，路過想找我聊天，隨時大大方方走進來，**不如我請你喝咖啡**，用一杯五十元、一天喝兩杯一百元來計算，不要說喝一個月，你喝一年、喝三年都沒關係，天天來都歡迎，喝個夠本，喝我六萬元都不怕。

「而且，來我們這邊有冷氣吹、有無線上網、還有我陪你聊天，這樣你說多這三千元，划不划算？」

實際上，一款車有入門、中階、頂級、特仕（增加特別配件）好幾種規格，又可以附加無數大小配備，每種配備還可細分不同牌子、不同等級，有時候差一項就不只三千元了，**客人不一定記得這麼多**，或者記得也不會跟業務講。所以那個「比別人貴三千元」真實情況到底如何，只有客人自己知道，我們**不需要爭辯到底差在哪裡**，而要**分析他找我買，和找別人買，有何不同？**在數字上，用天天來喝咖啡喝夠本，消除他介意那三千元的錢，再搭配「我陪你聊天」增加價值，兩者加起來，三千元就顯得很小很小。

因為我很會聊天、稱讚別人，客人跟我講話很開心，所以雖然咖啡店到處都有，跟我聊天的愉快感受卻是無價，尤其在媒體報導以後，我有了點小小的知名度，不少客人把認識我當作跟朋友炫耀的話題。

比方有個客人曾特別打電話來，說在電視上看到我，我說：「大哥，好久不見，謝謝你啦，有你的支持，我才能賣得這麼好。」事後聽說他很高興的跟朋友說：「看吧，我真的認識她！」聽得出語氣相當得意。

我形容這叫「偶像原理」。客人向我買車，不只價錢不吃虧，還多認識一個名人，這個附加價值其他業務可比不上。

如果你暫時還沒有知名度，沒關係，我也不是出道第一天就出名，只要用心經營談話氣氛，讓客人在談話過程中感到快樂，等到關鍵時刻再丟出「不如我請你喝咖啡」，效果自然好。

破解關鍵：別和客戶爭辯價差何在，而要強調「向我買，你有什麼好處」。

■實例四：客戶嫌貴，想用最低價買進

客人：「你們賣好貴，○○牌比較便宜。」

我：「你知道怎樣最便宜嗎？」

客人：「怎樣最便宜？」

我：「**不買最便宜。**」

不少人聽到我這樣跟客人說，覺得相當不可思議，這不是在嗆聲嗎？也太敢了吧？但老實說，如果**老是因為被嫌貴而降價，降到多低都不夠**，那不如一口氣降到底，提醒客人：不買最便宜。

以賣車來說，車險就是最典型的例子，碰到一直詢問哪家保費最低、一直要求打折的客人，我會說：「**不然你就跟它拚了，因為不保最便宜**」，這個時候，他就會冷靜下來，好好評估什麼比較重要，到底是性命、幾十萬或上百萬的車子，還是幾千元、幾萬元的保險費？

我把這招叫做「心電圖效應」。對一個天天開車在路上跑的人說：「你就跟它拚了」，他的情緒會**從一直嫌貴**、**不斷殺價變成恐懼**，好像心電圖從興奮高亢突然跌下來那樣。等個幾秒鐘後，你再冷靜的補上一句：「你真的要跟它拚嗎？」探探口風。

這時，客人通常會說：「還是保一保好了。」經過剛才一番高低起伏，業務不需要再說服，我們**先聽他的答案，再順勢推合適的商品**。

同樣的情境，你不一定要講「不如不買」，而是替換成最原始的選項。假設你賣的是洗面乳，可以對客人說：「買什麼都要花錢，不如用清水洗臉最便宜。」這不是要否定用清水洗臉的好處，而是讓客人自己比較，用清水洗臉和用你的商品洗臉，哪種對肌膚更好。

人一定有需求，透過這些問句**找出客戶的需求後再出招，不要在價錢多一點少一點上爭執**。

破解關鍵：用「不如……」句型激出心電圖效應，讓客戶自己評估，先聽他的答案，再順勢推薦合適的商品。

■實例五：客戶企圖以量制價，用多買一點來逼你算便宜

客人：「我們親朋好友揪團，一次跟你買三輛，沒有比較便宜喔？」

我：「我給你**三輛的價錢，跟人家訂三十輛一樣便宜**，你現在訂，就算只

買一輛也一樣價錢。我不會因為輛數多，就賣比較便宜，同樣的，我也不會因為你只買一輛就賣比較貴。我對你好，是因為喜歡你，不是因為你買比較多。」

量多等於折扣多，是一般常見的觀念，客人用揪團名義來殺價很正常。跟前面講的一樣，我們**不在買三輛打幾折**、**買三十輛打幾折上面打轉**，而是反過來，直截了當的跟他說，就算只買一輛也跟買三十輛一樣便宜，消除他繼續往下探的想法。再來，不管談的條件怎樣，都要強調「因為我喜歡你」，也就是真心誠意的把客人當朋友。

破解關鍵：強調不管買多少都一樣便宜，從以量制價的爭執中跳脫，並奉上一句「這是因為我喜歡你」，更加分。

2 拿其他品牌跟你一直比？就陪他比到底

俗話說「貨比三家不吃虧」，尤其現在網路很方便，手機滑一滑，什麼資訊都有。以買車來說，除了價錢之外，客戶還會比較不同品牌的同級車款。

和前面提到客人嫌貴，就用「不如……」句型激出心電圖效應類似，業務員要做的**不是說服，更千萬不要批評他牌**。客人會去看別的牌子，一定有吸引他的地方，所以你得尊重。批評他看過的牌子，等於是在批評客人，而且由業務員來說別人不好，可信度有限，不如把時間花在**引導客人自己說出自家品牌的好**。關鍵在於**表現客觀，善用「你覺得……」句型，引導客戶二選一**。

■實例：陪客戶試駕回來，得知他已去看過別牌

我：「你覺得我們的冷氣好嗎？」

客人：「冷氣喔，不錯啊。」

我：「很多司機都知道我們的壓縮機比較大，是台灣電綜（DENSO）做的，有專業團隊在研發。你知道大金冷氣嗎？」

客人：「知道啊。」

我：「大金也是我們和泰集團的。我們的變速箱呢，你覺得好嗎？」

客人：「變速箱……不錯啊。」

我：「那引擎呢？」

客人：「……。」（思考中）

我：「我們最出名的就是引擎、變速箱跟冷氣壓縮機。你覺得如何？」

客人：「嗯……都不錯啊。」

我：「好，我們來看內裝。有豪華嗎？」

客人：「沒有，素素的，一般般。我覺得○○牌比較漂亮。」

我：「每一個廠牌的車子重點都不一樣，像我們的重點就是省油，強調冷氣壓縮機、引擎、變速箱，內裝比較中規中矩。你為什麼會去看○○牌？」

客人：「我喜歡它的內裝。」

我：「那麼內裝、配備可不可以加？」

客人：「當然可以啊。」

我：「但如果碰到車上已經裝了不喜歡的配備，可以拿掉嗎？」

客人：「不行吧。」

我：「你覺得車廠裝這些配備要不要錢？**這些東西的錢是誰出的？**」

客人：「我出的。」

我：「但他們已經裝上去了，**如果你不想要的話，可以不出嗎**？這就是為什麼我們的車做得中規中矩，這是為了客人著想。客人有需要的配備，我們再提供成本價加裝，至於不需要的東西，就不用繳那個錢。我們再看省油方面，你覺得我們的比較省油，還是他牌比較省油？」

客人：「當然是你們家的。」

我：「你覺得他牌的油耗怎麼樣？」

客人：「一公升的油，好像少跑一、兩公里。」

我：「你覺得他牌開起來怎麼樣？」

客人：「開起來好像比較大聲。」

我：「有專業團隊研發比較好，還是一般外包廠的比較好？」

客人：「專業的，有牌子的比較好。」

沒有人喜歡自打嘴巴，客戶自己說，最有說服力

以下是上述對話的摘要：

Q：誰比較省油？

A：T牌。

Q：誰的壓縮機比較好？

A：T牌。

Q：誰的內裝比較漂亮？

A：他牌。

Q：不需要的配備也要花錢，值得嗎？

A：不值得。

Q：需要的配備選了喜歡的之後，再用成本價加裝，這樣好嗎？

A：好啊。

接著，替各位歸納我的話術引導：

- T牌的好處比較多，還是他牌的好處比較多？（T牌大勝。）
- 是客人自己講T牌好，還是我講的？（都是客戶自己說的。）
- 我有沒有幫他做決定？（沒有。）
- 我有沒有批評他牌？（也沒有。）

想破解客戶拿他牌做比較，關鍵在於客觀引導，不要給是非題，那樣客人講兩個字就結束對話，場面會冷掉。可以先問聊天式問題，例如：你覺得怎麼樣？你知道○○嗎？有沒有聽過○○？再接「那麼，你覺得……」帶出二選一的問句，例如：你覺得A比較好，還是B比較好，逐步引導到你要的結論。

在我還很菜的時候，也屬於老王賣瓜，自賣自誇型的業務，然而我從實戰經驗發現，自顧自一直講的業務，一來**跟客人互動很低，二來我講十分，客人**

可能只聽進去五分，效果有限。一整天講下來，連自己也累。

改用「你覺得……」句型引導，最明顯的變化是雙方互動多了，不再只有「是」、「不是」、「嗯」、「啊」、「喔」這種回答，他會打開耳朵聽我在問什麼，很認真的去想、去比較，有時候客人一回答，雙方又聊開了，氣氛很好。而且在過程中，讓他不斷重複說出T牌比較好，無形之中，他對品牌的認同感就越來越高。

不只銷售，生活、職場都派得上用場

公司裡的新進同仁說，聽我講這種引導式問答，好像在看補習班老師解數學，用看的很簡單，自己做起來很難。實際上，這是我十八年來，跟幾萬個客人交手後淬鍊出來的，有實戰成績證明，自然有效。

這類引導練習，平常生活就可以做，隨時想辦法增加互動，就能每天提高經驗值。以帶小孩為例，若要增加互動，你可以這樣引導：

大人：「你今天想吃什麼？」
小孩：「豬排飯。」
大人：「你覺得我們去吃A家好，還是B家好？」
小孩：「B家。」
大人：「為什麼想吃B家，**因為肉比較大塊，還是小菜比較多？**」
小孩：「因為肉比較大塊。」（或「肉比較嫩」，他會自己提出意見。）

互動變多、氣氛變熱絡了，知道他的需求在哪，也更方便繼續聊下去。再來一題，談話對象改成同事。要增加互動，你可以這樣引導：

同事A：「你下午要去哪裡？」
同事B：「去上課。」
同事A：「上什麼課？」
同事B：「業務話術課。」
同事A：「你覺得這個課程，跟以前上過的有**哪裡不一樣**？」

同事B：「跟客人互動變得比較好玩，像朋友聊天一樣。」

這種引導話術非常重要，第四章的練習中還有變化題，大家可以跟著練習。世界上沒有完美的商品，只看你怎麼賣，如果你對自家商品信心不夠，那就先試試看賣別人的，你會發現，懂了方法，就能一通百通。

3 親友團、太太、媽媽扯後腿？這樣化敵為友

賣車和一般零售業有個地方很不一樣，由於商品單價高，用途又跟家庭相關，所以情侶、夫婦、全家大小一起來看車很常見。實際決定要不要買的，通常不是男性客戶本人，而是他旁邊的親友團。因此業務員不只要察言觀色，還要懂得怎麼「按打」他們。

首先是女性，不管女朋友、太太、媽媽還是岳母，往往一句話，甚至一個表情，就能影響會不會成交。

用稱讚化解敵意，多拉一個戰友

來看車的車主大部分是男性，陪同的女性一方面覺得買車要花一大筆錢，二方面因為我也是女生，對方看我，偶爾會有種說不上來的敵意，所以在第一時間，你就要和她拉近關係。這類女性可分成三種類型：

■一般夫妻的場合：

我：「你們兩個年齡差很多嗎？」

太太：「不會啊，我們才差三歲。」

我會先揶揄先生說：「那一定是因為你都沒在保養。」再對太太說：「你老公一定很疼你。」

太太：「還好啦。」

我：「喔，不是還好，是很好。你知道為什麼嗎？」

太太：「為什麼？」

我：「因為我看你們像差十幾歲，表示你老公讓你每天無憂無慮、快樂過生活。他看起來讓人很有安全感，一定很疼老婆。

「有的太太陪先生看車，一看就超級操勞，雖然是老公買車，錢可能都是老婆在外面賺的，但你不是。你看這樣不是很好命嗎？」

刻意舉出別人家的例子對照，就能突顯太太的年輕貌美，生活過得好。

■女方屬於操勞型的場合：

有的太太真的看起來負擔比較重，不屬於年輕貌美型，我們不能睜眼說瞎話，就算稱讚她漂亮，她也不會認同，要換個方法誇讚。

我會對先生說：「你太太一看就很有幫夫運，很顧家。」

先生：「真的嗎，你怎麼看的？」

我：「感覺她做事就很細心，你看，她還幫你拿東西。要是我老公才不會這麼體貼。」

太太：「沒有啦！」

為家裡付出多的太太，會很在意先生的肯定，所以先跟先生稱讚太太幫夫又勤儉持家，再拿自己做對比，效果更好。

■女方明顯主導型的場合：

如果客戶的太太屬於強勢主導型，那麼他的媽媽或岳母通常也是決策者。碰到這類情況，要**先把男性放一邊，全力稱讚、滿足女強人**。

我們要找切入點，跟她成為同一國，比方第六章〈李敏鎬幫我賣了一輛車〉的女主角，就是一位強勢太太，家裡買不買車、買哪一款都是她決定，先生負責跑流程還被唸。能打動她的不是稱讚她多年輕貌美、生活過得多好，而是「我也是李敏鎬的粉絲」，因為有共同話題，她一高興，付錢非常阿莎力。

買車，對一個家庭來說是大事，對業務的防禦心只算第一關，到了進一步討論的時候，還有更精彩的過招。碰上這樣的女性該怎麼破解？**關鍵在於回饋，善用「你讓他……他就會……」的句型**。

男人常說車子是小老婆。但是對女生來說，車子還不都一樣，特別是太太、媽媽，習慣站在幫家裡省錢的角度，覺得買便宜的就好，這種價值觀差異，有時候會讓場面僵在那裡。

對我來說，並沒有賣比較貴的車佣金高、賣便宜的車佣金低的問題，我會想怎樣先讓女生滿意，再讓男生買到想買的，能成交比什麼都重要，皆大歡喜才是我的目的。以下舉個男生想買大一點、好一點的車款，女生卻認為沒必要花那個錢的實例。

女生：「好貴喔，反正車子都差不多，買普通的就好。」

我：「先生每天這麼辛苦工作讓你吃喝玩樂、保養、運動、還有時間可以去遛狗，**你讓他滿足夢想，他就會更心甘情願對你好**，為你做牛做馬。

「你看我們對狗都這麼好了，會給牠吃健康食物、買衣服、擦指甲油、戴啾啾（領結的台語），你怎麼沒想過，也給老公享有一輛他夢想中的車？

「不然兩個人在小小的車子裡面擠，如果那天剛好多買兩樣東西，空間不夠，他一坐上去心情就不好，然後碎碎唸，當初叫你買好一點的偏不要，你怎麼辦？」

我連珠砲的展開攻勢，但到這階段還不能停，繼續！

我緊接著說：「除非你花不起，沒這個預算，那麼我們就**叫先生退一點點，你前進一點點，買個中間價位**，是不是會覺得更好？」

跟前面提到的幾個例子一樣，業務員不要在「買貴一點、還是便宜一點上打轉」。**一對男女會一起來看車，感情通常不會太差，要把注意力轉移到感情上面**。結了婚也好、還在男女朋友階段也罷，只要提及兩個人日後若因「當初叫你買好一點幹嘛不要？」這種翻舊帳的話題，效果通常很不錯。總之，強調讓老公買想買的車子，他一開心，就會對太太更好，這種正向循環回饋，原本強勢的女方就會點頭。

有人問我把老公跟狗放在一起比，會不會太過分？其實這樣講有三個用意。第一，跟太太同一國，抬高太太身價，顯得她很好命。第二，女人有女人的默契，一聽就懂，到這裡會笑出來，氣氛會變好。第三，男人在外打拚久了，大致上不會在意這種玩笑話，甚至還真的認為自己負擔家計很辛苦，每天都累得像條狗，我這樣等於替他說出心聲，無形中也和先生變同一國。

4 懂車的朋友來踢館？用「義氣」化解

男生帶女生來看車，大致是因為尊重對方；但帶男生來，通常是找朋友來監督、甚至踢館，企圖替自己爭取更多福利，戰力非常強，必須小心對付。

■實例：客戶邀請踢館朋友加入戰局，一直拗贈品

我：「……（從拗贈品的話題中跳出來之後）你有這樣子的朋友真好！」

客戶：「嗯，對啊。」

我：「就是因為你看起來人太好說話，朋友擔心你，專程陪你來。這樣的朋友一輩子沒有幾個，你真的很幸運。」

肯定朋友的義氣相挺之後，接著是破解關鍵：**善用「因為你朋友，所以我……」**扭轉局勢。請繼續看下去：

稱讚完這些朋友之後，車主還是會不斷要求送東西，這時候，我會拒絕。

我：「不行啦，這個不能送。」

朋友會跳出來：「你要送他啊，怎麼可以不送？」

我會對著車主說：「好，一句話！**因為你朋友開這個口，我決定送了！**我講真的，是因為你朋友我才送，如果你沒帶朋友來，哪有這麼好？我覺得他夠義氣，所以我一定要跟他一樣有義氣。」

先不管朋友是純粹幫客戶出意見，還是來象徵性比個價，然後再帶他去真正要買車的店家，客戶對朋友的信任度可能有八成，對業務員只有一至兩成，差距很大。我們要**降低朋友敵意，縮小客戶信任度差距**，至少拉到跟朋友五五波，才有可能成交。

強調「因為你朋友我才送」就是賣面子給客戶，營造一個「客戶講再多都沒用，但朋友一講就有用」，顯得朋友很夠力、客戶戰略奏效的局面。

我曾經碰過一個案例，陪看車的朋友不知道為什麼，堅持一直要我送行李廂用的托盤給客戶。我看他跟客戶開同一款車來，擺明只是來踢館的，比個價、證明童叟無欺以後，就要帶客戶去別家買，因此故意用拗贈品這招來脫身，但我也有絕招。

我：「你為什麼那麼執著，一定要幫他要到這個東西？」

朋友：「因為我那輛車沒有啊，都怪我當初沒想到，現在幫他想到了。」

我：「你真是對你朋友（即客戶）太好了。我跟你講，我送一個給你，也送一個給你朋友，算我替你回敬給他，這樣大家都開心，你說好不好？」

沒想到這樣一來一往，踢館者瞬間變同盟，反而對車主說：「要不然你跟她買好了，這個業務真的不錯。」這話從朋友口中說出來，比我自己講威力大了不知道幾百倍。朋友敵意沒了，給車主的信任感拉到跟朋友差不多程度，後來順利成交，成為我那七百零三輛車當中的其中一輛。

把奧朋友變成我的柱仔咖

故事還沒完，別忘了，別人的句點，對我而言只是逗點。跟車主比起來，這麼雞婆的朋友，絕對會是我堅定的柱仔咖，我在簽約的時候，也順道跟他要了資料。

朋友：「我不用啦，又不是我買車。」

我：「要啦，你這麼夠朋友，幫他這麼多忙，以後如果我講的他聽不懂，再麻煩你替我翻譯。我覺得你太棒了。」

他也就不再堅持，留了資料給我。

這跟兩個業務員到非洲賣鞋的故事[1]一樣，碰到困難，究竟是阻力還是助

[1] 此為網路上廣為流傳的銷售故事。美國一家製鞋公司尋找國外市場，公司派一名推銷員到非洲某國家了解市場，該推銷員到非洲後發回一封電報：「這裡的人不穿鞋，沒有市場。」於是公司派出了第二名推銷員，卻有截然不同的結論：「這裡的人沒鞋穿，市場很大。」

力，取決於你怎麼看而已。

一般業務可能覺得要搞定一個客戶都弄不完了，再加上一個踢館的，簡直一個頭兩個大，對此相當排斥。我倒覺得人跟人相遇就是有緣，有機會多交一個朋友、多一個人幫我賣車，更好。當然，面對兩個人，絕對比面對一個人複雜，不要想一次解決所有問題，選擇對我們傷害最輕微的地方，**拿出最小的子彈，一顆一顆慢慢打，想滴水穿石，需要莫大的耐心。**

5 現場實況連線比價？讓行情變感情

以下這個案例實在教人難忘，被我和同事開玩笑說是「地表最強客戶」。

■實例：夫妻分別在兩家展示間看車，同時用手機連線比價

你沒看錯，不是一般人這家看完再去下一家，而是老公在這家，老婆在那家，兩個人同一時間，在兩地比價，用手機打電話、再傳 LINE 兩面包抄。如果你是其中一家的業務員怎麼辦？是不是要當場把價錢放到底，先拿下訂單再說？反正同樣是贏，慘勝也算是得勝？

來我們展示間的是丈夫，原本由一位資淺同事接待，談了很久不知道該怎麼辦，跑來找我幫忙，我問那位大哥是不是兩邊都在詢價，他很坦率的告訴我，太太過去的那家是別人介紹的，他們想兩邊都比一比，不會這麼快就決定，已約了晚點會合，邊吃晚飯邊討論。

我跟大哥說買車是大事，他們慎重考量是對的，先去和太太吃飯沒關係，我們晚一點再過去拜訪。三十分鐘後，我跟同事到餐廳和這對夫妻碰面。

我：「大哥、大嫂，今天兩家都看過了嗎？」

大哥：「嗯，都看了。」

我：「請問另一家是誰介紹的？」

大嫂：「我的一個朋友而已，他說那家不錯。」

我：「這樣啊，應該是不錯的朋友。如果今天兩家價錢差不多，你們會跟誰買？」

大哥：「嗯……。」

他還沒回話，我便**搶在前頭講出他的心聲**：「如果價錢差不多，這位朋友一定有他的風評，我想你們應該要跟他介紹的那家買。」

他們有點訝異，我怎麼會幫對方拉票？

不等他們回答，我接著說：「可是如果你們真的這麼信任他，為什麼還要出來詢價？話又說回來，大嫂剛才問了以後，有比較便宜嗎？」

大嫂：「差兩、三千元吧。」

我：「比你們預期的怎麼樣？有比較厲害嗎？」

大嫂：「好像也差不多。」

我：「一輛車賣幾十萬，差兩三千元等於沒差。常常有客人知道我比別人貴三千元，還來跟我買，你知道為什麼嗎？」

大嫂：「為什麼？」

我：「我加送的配備都不只這樣了，每天還可以來公司喝咖啡，無限暢飲喝到飽，早就超過三千元價值。而且我們一次來兩個人，兩張名片幫你們服務，以後辦手續有問題打給他，比較大的問題打給我，我做了十八年，跟維修廠上上下下都很熟，有哪一家辦得到？

「還有，你一次多交兩個新朋友，如果你選我沒選他，我這輩子會加倍感謝、加倍愛你。以後，你們就可以從被別人推薦，變成推薦別人。你們推薦朋友一次有信用，在朋友裡面講話地位就不一樣了。」

講完這麼一長串之後，他們覺得跟我們比較合，再對一下條件，地表最強客戶就跟我簽約了。

這個案例是綜合題，同時包含他牌比價和不在現場的踢館朋友（即介紹大嫂去別家比價的那位仁兄），我處理的關鍵有這幾點：

一、抓出猶豫的癥結點，再提出客觀評論

台語有個詞，叫「踩話頭」，意思是預先說出對方正在盤算，卻還沒說出口的話。這個案例裡面，對方猶豫的癥結點在「信任」，一般來說，經由朋友介紹，大概直接就去買了，像這樣兩頭詢價，之後還得會合再討論的，不難想像**在信任度上沒那麼高**。

所以我在問了如果價錢差不多、會跟誰買的問題之後，不等他們回答就先踩話頭，**由我來講，更顯得客觀，同時讓客人明白我了解他**。

二、絕不說別人壞話，把力氣花在突顯自己更好

雖然這位踢館朋友沒到現場，我不能像先前提到的案例那樣，加送行李廂用的托盤給他。可是別忘了，他是客人的朋友，再怎麼樣，信任度絕對比我高很多，我同樣得讓客人逐漸替我增加信任度，至少加到五五波，接下來說的他們才會聽進去。

所以，不管對那位推薦的朋友，還是對另一家廠牌的汽車業務，我完全沒有負面評論，而是**把力氣花在突顯自己更好**，讓客人留下正面印象。

三、讓所有的行情變成感情，用感性對抗理性

現在很多東西都已經系統化，條件很透明，小差異一定有，但是要說是否有明顯落差，幾乎不大可能。就像前面提過各種配備的規格、品牌、材料等組合，這裡少一點、那裡差一點，隨隨便便就拉出兩、三千元的差距。

我們不需要跟客人一一核對，**不要用理性去衝撞理性，而要把重點拉回感性上**，讓所有的行情變成感情，強調我們一次出動兩個業務替你服務，更何況我真的跟維修廠超熟，加上累積十八年來上萬個客人的口碑，在可靠度上很占優勢。打動了感性面，再回來對一下條件，只要雙方差距調整得差不多，就能順利成交。這樣是不是比當場把價錢放到底，卻還不一定談得成更好？

6 搞定小孩和小狗，鬧場角色成幫手

小狗和小孩跟前面講的親友團不同，不會咄咄逼人要殺價、要拗贈品，而是一直吵鬧，要不然就跑來跑去，讓車主心情不穩定。買車的衝動一旦冷掉，不知道民國幾年才會再熱起來。所以不只要「按打」，更要使出溫情攻勢，讓車主了解，我們跟他一樣愛他的小狗、愛他的孩子。

■實例：小狗叫不停，簡直沒辦法談話

想破解小狗造成的阻礙，關鍵在於將牠視為家人，對於養寵物的人來說，就算像黃金鼠那麼小的動物也是家人，這個觀念非常重要。**善用「我們家……」的句型**，例如：「我們家也有養狗。」告訴對方自己同樣是愛狗人士，就能拉近彼此距離。

客戶會帶到展示間的寵物，大多以狗為主，畢竟是在外面，通常抱在手

上、用籠子提著或以狗鍊拴住，主人會注意，盡量不要讓牠亂跑亂叫，一般來說問題不大。然而有一次我到客戶家裡談，一進門，他家的小白就衝著我一直叫，主人不斷跟我說：「啊，不好意思，牠就是這樣啦！」卻始終沒有要起身把牠關起來或者抱去別的房間的意思，可見他非常寵小白。

我看這樣下去不是辦法，忽然想到包包裡剛好有買給我家小狗妞妞的零食，先拿出來給小白搏感情好了。幸好小白很給面子，吃得很開心，不但再也不叫，還一直黏著我不放，主人總算可以專心和我談

▲ 應付小孩、小狗我超有一套，瞧，我和營業所的店犬小花多麻吉！

車子，比剛進門時的混亂好多了。

主人笑著說：「哇，小白很少這樣耶。以前別人第一次來，牠從頭叫到尾；你進來才兩三下牠就不叫了。」

我：「我家妞妞也吃這個牌子，看來小白也喜歡，牠們口味很合喔。」

講完，我摸著跳到腿上來的小白說：「**喔～我們家小白好乖喔～**」（用這句話不著痕跡的融入客戶一家），後來牠還睡在我的腿上。

眼見狗兒子喜歡我，主人跟著有好印象，自然就順利成交了。

安撫小孩，得靠小禮物和稱讚

小孩大部分在展示間比較待不住，跑來跑去還好，有同事幫忙注意安全，比較麻煩的是一直拉著大人的手吵著要回家。根據經驗，如果沒有好好「按打」，因為小孩吵鬧而談不成的機率非常高。

我會準備一些糖果、餅乾，先問他：「你有沒有蛀牙？」、「想吃糖果還是餅乾？」拿給他的時候，還會教一下生活禮儀：「大人給你東西，要用雙手拿喔！」、「有沒有跟阿姨說謝謝？」順口說：「你乖乖吃糖，不要再吵囉。」有東西吃，加上機會教育，可以讓小孩暫時安靜一段時間。

有時候，大人到汽車公司來，時常順理成章的替孩子要小ㄅㄨㄅㄨ（模型小汽車）。對於這種要求，不用向客人解釋我們專賣大車，並未提供模型車，就像糖果、餅乾一樣，我都自己掏腰包買，甚至同時準備大小兩款，一起拿給小朋友，讓他挑選，並找機會稱讚，告訴父母親「這個孩子真特別」，營造溫馨氣氛，這時要**善用「真的有夠……」的句型**。

■ **小孩選大台模型車的場合：**

我：「你要哪一台？」

小孩：「大的。」

我：「**讚！真的有夠聰明！**這麼小就會精打細算，知道要拿大一點的。」

■小孩選小台模型車的場合：

我：「你要哪一台？」

小孩：「小的。」

我：「哇！眼光**真的有夠犀利**！這麼小就懂得挑好的，我跟你講，小台的做工比較精緻喔。」

就常理來說，小孩選大台的模型車不意外，選小的有時是因為顏色或款式對他的味。但對業務員來說，我們**不需要考察真相，而是說出父母想聽的話**。想想看，如果這孩子是自己的，你會想聽到什麼稱讚？

許多汽車業務員也會準備小車子，大多同款一次買個十幾二十台，這樣只能給了車、摸摸頭就結束。我拿出兩款任其挑選的用意，一方面跟孩子多一點互動，讓他覺得來看車很好玩，不會覺得無聊、吵著要回家；另一方面讓爸媽覺得，我是懂他小孩的好業務，讓對方覺得你在乎他，真心對他好。

7 五萬元想買百萬車？先求好，再求更好

大家有沒有聽過有人買房子沒錢，買車卻有錢？在汽車業，這種客人超級無敵多。碰到預算不高、但是欲望無窮的客人，到底要為他著想，叫他少貸款一點，還是為了我的業績著想，去幫他多貸款一些？我曾碰過下列實例。

■實例：客戶要買車，卻在貸款這關卡住了

客人：「你們那車子九十萬，可以貸多少？七十五萬嗎？不能貸八十萬嗎？要不然八十五萬好了？」

我：「你這樣最好是會過啦！如果有像你講的這麼容易，我不如去找遊民來買，他們都有身分證，還信用清白，因為根本沒有任何貸款紀錄！」

客人的白日夢被狠狠戳破後，會瞬間冷靜下來。

客人想硬闖，你得比他更敢衝

想破解客戶企圖申請高額貸款，關鍵在於讓他認清事實、一步一步來，**善用「先求好，再求更好」的比較句型**。

客人貸款成數太高，有的業務可能不夠專業，或為了衝業績，而先答應下來，等到被公司打槍再找藉口推拖。這種案件就算勉強送出去，到銀行那裡要過關通常很困難，搞了半天還是被退件，浪費大家時間。所以我不這樣做，而是**直接告訴他這樣真的沒辦法，不如換個不同的車款**。

客人：「不會啦，一定會過的啦！」

我：「請問貸款的錢是你的還是銀行的？」

客人：「銀行的。」

我：「是呀，如果沒過呢？」

客人：「……。」（楞住，不知道該怎麼辦。）

我：「好，不然你**現在簽一簽、訂一訂，不夠的錢我借你！**現在訂才有喔，明天來就沒有囉！」

客人想硬闖，卻碰到比他還敢衝的，這下換他猶豫了，變得比我還謹慎。我會順勢推薦便宜一點的車款，可能同一款車但差兩個等級，也可能從大型車換成中型車，還享有稅金上的優勢。

我：「你本來想買的那款，跟我現在講的這款，兩個不會差太多。我們**先求好，再求更好**。讓貸款通過、有車子開最實在，等以後賺更多錢，再換更好的車。」

注意我說的是「先求好，再求更好」，不是平常講的「先求有，再求好」，那樣顯得隨便，好像品質很差，**要讓他覺得第一步就買到好的，立刻享受實現夢想的感覺**，之後再往上升級。**用詞差一個字就差很多**，這是觀點問題，同樣的，一個商品是冷門或珍貴，也同樣差在觀點不同，請見下節分曉。

8 冷門商品難賣？物以稀為貴呢？

一樣米養百種人，只要找到合適的客人、給他對的價格，沒有賣不出的商品。以汽車來說，顏色特別的車、有限量特別配備的特仕車等，都不好賣，我卻曾在兩天內，連續賣掉兩輛特仕車。業務員自己要先有一個重要觀念：**這商品不是冷門，是特別珍貴**，如此一來你才有信心說服客人。

■實例一：客人已經有意要買，我想推橘色的車

我：「這款車我們主打的是橘色。你覺得橘色怎麼樣？我覺得很有活力，跟你一樣。」

客人：「滿不錯的啊。」

我：「不過這個顏色全公司只剩兩輛，如果你現在不決定，我們四百個業務都在賣這兩輛，你再想下去就沒有了。不如這樣，你身分證先拿來，我幫你打一下資料，我們再來想要不要。」

客人：「打……打什麼？現在就要付錢了嗎？」

我：「打資料不用錢啦，怕什麼？**我先幫你訂**，兩輛留一輛下來。要不然我們兩個在這裡想半天，等你真的覺得它很讚、要買的時候，如果沒有了，你知道那有多嘔嗎？

「這顏色這麼少見，**不是隨便誰都可以留的**，因為我覺得你一定會要，我幫你打電話去公司幫你留，你是我們ＶＩＰ嘛！」

客人：「喔喔，好。」

因為客人本來就想買車，又交出了身分證，經過我這番遊說之後，果真沒多久就成交了。

有些業務不敢推特別款，是因為擔心客人本來要買，臨時蹦出新東西干擾，一猶豫就不買了，所以乾脆不提，以免節外生枝。實際上，跟客人談的時候，要先確定他**原本想買的款式一定有**，**再讓他了解特別款真的很稀少**，我們先保留下來做個比較，反正還不用付錢；**接著強調錯過保證遺憾**，刺激他儘早決定、爽快下單。

非常商品，要用非常方法引出需求

第二個例子，是一位計程車司機大哥，他本來想買WISH（二〇〇〇C.C.，五門掀背七人座休旅車，入門款七十多萬元），結果走出展示間的時候，簽的卻是VIOS「特仕車」（一五〇〇C.C.，四門五人座房車，六十多萬元，比標準型貴八萬元）。這個案例可以說是高難度綜合應用題，以空間、以C.C.數來比，VIOS跟WISH差了兩個等級，我不僅要化解他對車型、價格、贈品等落差的疑惑，還要幫他創造新的需求。

■實例二：利用引導式問法，讓開大車的客戶買小車回去

我：「車子整天在路上跑，跑大台北市區，二〇〇〇C.C.和一五〇〇C.C.，你覺得哪個比較省油？」

客人：「當然是一五〇〇的。」

我：「有覺得駕駛座坐起來不一樣嗎？」

客人：「也沒有差太多。」

我：「但是客人如果硬要坐第三排，你卻拒載，他就會去投訴你。WISH跟同級車比起來已經很省油了，不過跟一五〇〇C.C.的車比起來，還是一五〇〇C.C.的比較省。

「你花比較多的油錢在市區繞來繞去，還要擔心載到會去投訴你的客人，不如乾脆買小一點的車，能載就載，不能載就算了。它一樣有行李廂，跑機場裝旅行箱都夠用。

「而且你看，它這麼『趴』（台語，炫的意思），長得跟別人不一樣，光是小包[2]這麼水，開出去人家一眼就看到你的車，有什麼不好？特殊就是美！」

---

[2] 加裝在車身的空氣流體力學套件（簡稱空力套件），例如前、後保險桿下方的擾流板（俗稱前下巴、後下巴），行李廂上方的擾流板（俗稱尾翼或鴨尾）、左右門板下方的側裙等。材質有許多不同選擇，一般來說，以價錢由平價到高價依序為玻璃纖維（FRP）、硬質塑膠（ABS）、軟質塑膠（PU）；耐用度與價錢高低成正比。

客人有點動搖，但還在思考，我接著說：

「價錢上，它跟標準型有差一些，可是我補給你更多。一樣是VIOS，標準型比定價便宜五萬，這款我便宜你八萬。一般來說，特仕車比標準型多十二萬元的配備，賣價只比標準型貴八萬；一來一往，本來要花八萬來買的，減掉我多折給你的三萬，等於你**只花五萬就買到價值十二萬的東西**，好划算喔！

「你以後會被折舊掉的部分，我都先補給你，還提前享用這麼好的配備。你想想看，原廠配件的材料，跟外面一般改裝店，誰比較好？這麼小的車，升級的配備跟進口車一樣，夠爽了吧？」

講完，我會再跟客人整理一遍，同樣用引導問答，讓對方說出自己的需求。問答結束後，客人馬上簽了新的VIOS，連舊車都委託我處理。

這個案例特別的地方在於，讓本來開大車的車主，接受小兩級的車子，我用了好幾個訴求才打動他：

一、省油：計程車司機對油耗很敏感，開小車省下多少油錢，相信他一定比我更清楚。

二、免除乘客要坐第三排座的麻煩：WISH 空間比較大，但是有些客人要坐或者放東西，偶爾會發生糾紛。對司機來說，多一事不如少一事。

三、特殊性高：外型酷炫，除了炫耀，更容易被看見，吸引客人招手。

四、划算：折價空間大，等於多花一點錢，就可以得到升級很多的配備。

五、開什麼車其次，重點在他是個好司機，我們不在貴或便宜打轉，跳出來回到人的身上。好的服務確實能讓客人回流，讓他加倍快樂的簽下訂單。

破解不買的話術，只要多練習，單次銷售就能看見明顯效果，不過，要讓客人買過以後，還能記住業務員的名字、到處幫你傳播口碑，就必須設法升級到「不只賣商品，更要賣快樂」的程度。感性銷售的效果超乎想像，我將在第六章中說明，但接下來的兩章，我們先做對話練習。

賣車女王十倍勝的業務絕學

- □客戶說回去再想一想，這句話的意思其實是：「如果你能解決我的問題，我立刻就跟你買。」
- □客戶拿他牌做比較，破解關鍵在於客觀引導，不要給是非題，逐步引導到你要的結論。
- □親友團、太太、媽媽扯後腿，稱讚她們好命得人疼，馬上化敵為友。
- □懂車的朋友來踢館，要降低朋友敵意，縮小客戶信任度差距。
- □客戶因為價差而猶豫時，要把重點拉回感性上，讓所有的行情變成感情。
- □小孩或小狗不斷吵鬧，用家人感拉近距離，說出父母（或飼主）想聽的話。
- □客人貸款成數過高、想硬闖，你得比他更敢衝，並提醒他先求好，再求更好。
- □冷門的商品，要用「珍貴」來包裝，並強調數量有限，讓他先訂再說。

第4章

實戰練習：公司版話術很好，引導式問法無敵

接下來的兩章，要和各位練習引導式問法。俗話說「老王賣瓜，自賣自誇」，許多公司的話術手冊，也都寫了滿滿的自家產品優點，這個心態很容易理解。我以前很常用這些公定版話術，效果也還不錯，不過，後來我發現**引導客人自己講，比我自己講更有效**，談起來還更省力。

這套方法重點在引導他**反覆講出你要銷售的商品名稱**，就像我前面提過的，人不會自打嘴巴，**客戶自己說這東西好，最後就會爽快買單**。另外，絕不說別人不好，而是突顯自己更好，一來加強他的印象，二來業務員在江湖上走跳，不要隨便樹敵才是上策。

我在先前的章節說明了自己怎麼賣車，引導客戶反覆認同自家商品的好，在這章我會舉兩個練習實例，內容出自於我和同事實際的對話，分別是賣手機，以及介紹女孩子給對方認識。在練習的後半段，雙方會對調角色，方便理解這是可以靈活運用的技巧，不必死背，只要一通就能百通，什麼都賣，什麼都不奇怪。

1 賣手機：兩兩比較，讓客戶自己說你好

我們先練習實體商品，來賣手機。請注意：只要把要賣的商品放在客戶眼前即可，拿來對比的商品不用出現，這樣搭配引導式問法會更有效，客人親眼看見商品，就能從眼睛到耳朵、嘴巴，不斷加深對該商品的印象。

■ 情境一：甲方要賣三星手機給乙方

甲：「我們工作、生活上常常要跟很多人做連結，但一支 iPhone 只能跟一台電腦進行資料同步，你知道嗎？」（編按：此處指 iPhone 若要連接電腦，須透過 iTunes 登入帳號密碼方可連結，無法像隨身碟那樣隨插隨用。）

乙：「嗯，知道。」

甲：「三星手機使用的 Android 系統，可以跟任何一台電腦同步資料，就像隨身碟一樣，如果要方便，誰比較方便？」

乙：「三星，Android 系統。」

甲：「誰下載 App 要錢？」

乙：「iPhone。」

甲：「對，iPhone要錢。那誰的 App 幾乎不用錢？」

乙：「三星。」

甲：「對，三星的免費 App 比較多，而且它跟電腦一樣，可以直接下載 App，點開就可以用。但 iPhone 還得輸入帳號密碼。這些事得由誰做？」

乙：「我啊，或者……我的家人。」

甲：「對，要用的人，就要輸入帳號密碼。三星要嗎？」

乙：「不用。」

甲：「所以你覺得這樣誰方便？」

乙：「三星比較方便。」

甲：「總結一下**你剛才告訴我的**，三星比較方便、不用輸入帳號密碼、不怕萬一忘記了怎麼辦，然後可以跟大家同步資料。還有，最重要的是，大部分的 App 要不要錢？」

乙：「不用啊。」

甲：「對，三星的免費 App 比較多。」

從頭到尾，要賣三星的甲方**沒有說 iPhone 有任何不好，單靠引導式問法，就突顯了三星的好**。乙方雖然可能還要考慮，但是在比較的過程中，會對三星留下還不錯的印象，至少方便、大部分的 App 都不用錢、可以跟很多電腦同步資料等，這些特點如果業務員用背規格表的方式講，講再多客人都記不住，而用引導式問法，幾個問答下來，對方就能記住重要的特點。

■ 情境二：甲方要賣 iPhone 給乙方

甲：「iPhone 下載東西要輸入帳號密碼，會比較怎麼樣？」

乙：「比較麻煩。」

甲：「但是它有沒有保障你的隱私權？」

乙：「嗯，有。」

甲：「你覺得有一點點麻煩跟有隱私權，哪個比較好？」

乙：「有隱私權比較好。」

甲：「當然要有隱私權。接下來，你看它的外觀，三星手機現在都出到第幾代了，誰是誰你分得出來嗎？」

乙：「分不大出來。」

甲：「那你看看 iPhone 5S 跟 iPhone 6S，一大一小，你分得出來嗎？」

乙：「當然看得出來。」

甲：「一看就看得出來對不對？你希不希望跟人家拿不一樣的，最好讓別人一看就知道這是新出的款式？」

乙：「希望啊。」

甲：「對啊，東西當然要用新一點的比較好嘛。我買新的人家都不知道，跟一看就知道是新出的，你覺得哪個感覺比較好？」

乙：「一看就知道新出的。」

甲：「三星這支手機跟 iPhone 這支，有哪裡不同？」

乙：「外觀就不一樣。」

甲：「質感呢？」

乙：「iPhone 比較有質感，顏色好看，摸起來感覺比較好。」

甲：「好，你看喔，我們的 iPhone，它比較新，變化又大，又有隱私權。它下載 App 要錢，是因為**付費的 App 裡面不會有廣告**，你不會按一按就按到廣告跳出去。你覺得有廣告的跟沒有廣告的，誰比較好？」

乙：「沒有廣告的。」

甲：「這兩支誰沒有廣告？」

乙：「iPhone。」

這兩組情境有一個共通點，同時也是引導式問法最重要的地方：到**收尾總整理的時候，只要重複「要賣商品的優點」即可**，千萬不要多嘴，又繞回去重提被比較的商品，要做到連一個字都不要出現的地步。

這整個銷售流程如果畫成示意圖，就會像漏斗一樣，讓客人從最初兩者放在一起比較（頂端寬口），慢慢收斂成只記得你要賣的商品（底部窄尾）。

2 做媒人：找出優點，讓對方無視缺點

3C商品有規格及系統差異，可以比較優劣。那麼人呢？其實也有。這一節我們來試試看怎麼當媒人，同樣把兩位女性照片秀出來。

■情境一：甲方要推高瘦女給乙方

甲：「你覺得誰比較瘦？」

乙：「這個。」（手指高瘦女。）

甲：「一般人喜歡腿長一點的，感覺比較勤勞；身材瘦一點的人，看起來比較不會懶惰。你覺得腿長的人和腿短的人，誰走路比較快？」

乙：「腿長的。」

甲：「對，通常來講都是這樣。那你希望以後老婆是動作俐落的，還是慢慢來的？」

乙：「動作俐落的。」

甲：「對，動作俐落的，做家事有效率，要出門的時候比較不會摸半天，讓你等很久。這兩個誰看起來動作比較俐落？」

乙：「這個。」（手指高瘦女。）

■情境二：甲方要推矮胖女給乙方

甲：「你覺得誰比較有福相？」

乙：「這個。」（手指矮胖女。）

甲：「一般爸爸媽媽喜歡福相一點的，感覺比較會生小孩，也比較有幫夫運，可以帶旺老公的事業。你覺得像模特兒這樣瘦瘦的，跟稍微肉肉的兩個人，誰比較有幫夫運？」

乙：「胖一點的。」

甲：「為什麼？」

乙：「胖一點的人，看起來就比較有福氣。」

甲：「對啊，好像很隨和，相處上感覺不會太愛計較。那你希望以後老婆是脾氣好的，還是比較有個性的？」

乙：「脾氣好的。」

甲：「這兩個誰看起來脾氣比較好？」

乙：「這個。」（手指矮胖女。）

做媒人的引導式問答比較進階，當然實際上要替人做媒，考慮的絕對不只這些，而人也不是長得高就俐落、身材胖就脾氣好，這個**練習的重點在於「找出優點來講」**。

許多業務員碰到的問題是缺乏信心，更有許多人，會把自己的沒信心牽拖到產品不夠好上。其實任何一家公司要推出商品到市場上，不論三星也好、蘋果電腦也罷，化妝品、汽車、保險等，都一定是經過無數研發測試，確定沒問題了才上架開賣，要不然早就被顧客告倒了，所以，找出產品優點引導給客人知道，是業務員的責任。

此外，這兩題能幫你**抽離現在賣的商品（汽車），試著去賣賣看別的東西**，你會發現做業務到哪裡都差不多，**沒有所謂好賣難賣，只看你怎麼賣**。如果你正在賣手機，不妨試試看賣車，找兩個牌子的同級車來當商品練習。

接著替各位分析本章練習的兩個問題。

第一題，兩大手機系統的優缺點一直都很清楚，也各有擁護者，所以還不算太難，只要練熟怎麼透過兩兩比較，把要賣的商品突顯出來就可以。

第二題，替人做媒找老婆就麻煩多了，光是外型順不順眼就是一大關卡，還有個性、家世背景、學經歷、經濟狀況等。但這只是練習，大家先把這些細節放一邊，像賣手機一樣，找兩個各自有優缺點的目標，利用世俗印象來進行引導銷售即可。

賣車女王十倍勝的業務絕學

□引導式問法是透過兩兩比較，讓客戶反覆說出你的產品好。

□兩兩比較時，要設法找出自家產品的優點，並讓對方無視缺點。

□引導式問法收尾總整理時，只要重複「要賣商品的優點」即可，不要又繞回去重提被比較的商品。

□銷售流程如果畫成示意圖，會像漏斗一樣，從寬口收斂成窄尾，客戶最後只會記得你想賣的商品。

第5章

實戰練習：講客人懂的話，他才有感

這章同樣要和大家做對話練習。業務員時常講太多專有名詞，自己很high，客人聽得霧煞煞，換個角度來看，他是為自己設想太多，卻忘了替客戶解決問題。

人在聽業務員講話的時候，往往都是用直覺判斷對不對、要不要，所以**要講客人聽得懂的話**，方便他一聽就懂。

我曾受邀到台灣前三大手機系統業者之一的遠傳電信，對來自全台灣的店長們做過許多次演講，並親自示範賣手機的方法。以下就和大家分享當時的對話練習。

▲ 2016年1月我飛到重慶，替中國最大汽車品牌長安汽車最績優的一千多名店長上課。

1 講大白話、不賣弄知識，才叫做專業

■ **情境：老人家來門市繳帳單，順勢介紹新款手機**

我（語氣微微上揚，表現關心）：「阿姨，你還用這種傳統型的手機喔？怎麼沒想過換新的？」

阿姨：「那是年輕人在用的，我不會用啦。」

我：「喔，也對，而且大部分又很貴。但是阿姨，我跟你講，我們現在有出『零元手機』，專門為老人家設計，字有夠大，不戴眼鏡也看得超清楚。」

阿姨：「喔？」

我：「不過這不是重點，我上次看新聞有講，老舊手機的電磁波超級強，會對身體健康造成影響。」

阿姨：「喔喔，這樣啊。」

我：「你小孩常常在看網路、看電視，都沒有跟你講嗎？」

阿姨：「沒有耶。」

我：「你想，舊的手機跟舊的微波爐是不是一樣，電磁波很容易外洩？」

阿姨：「嗯。」

只見她臉色凝重，似乎有點開始動搖，我緊接著說：

「不要說一個月省電錢、省瓦斯錢，省這個省那個，我們到這個年紀，沒有差這一點點錢了。和這些小錢比起來，健康是不是比較重要？那個電磁波會直接影響頭腦喔！所以電視上有沒有常常叫人家要少講手機？」

阿姨：「有啊。」

我：「這種新型的就不會。」講完，我把手機拿給她摸摸看、按按看。

我：「你可以回去再問一下小孩，不用馬上決定沒關係，這種東西要常常操作，好用最重要，別人買給你，你不熟悉反而難用，還是自己先看過、用過比較好。你可以跟小孩講，手機店有一個小姐跟你解釋得很清楚，怎麼用、多少錢都有講，不用擔心。你下次帶他一起來，我們幫你選一支最適合你的。」

我把手機畫面打開：「你看看，字是不是真的很大？跟你現在用的這支比起來，是不是差很多？還有顏色可以選喔，你喜歡紅色還白色？」

阿姨：「紅色。」

我：「阿姨你眼光真的很好！這家的紅色很亮，是他們家招牌款，我剛好還有一支，先給你留起來。這款前兩天也有一個阿姨來買，說很好用喔。」

消除恐懼後，接著賣幸福畫面

我繼續點著螢幕，把手機轉過來對著她：「我跟你說，這裡面有個東西叫LINE。你有沒有常常看到小孩整天對著手機一直傻笑，有嗎？」

阿姨：「有啊，我孫子也是。」

我：「你現在買這支回去，叫他們通通給你加入好友，以後你就可以和小孩、孫子全家人連在一起，飯煮好的時候，只要在上面寫『吃飯囉』三個字就好，他們樓上的、樓下的、在外面的就全部看得到，馬上回來吃，不用像以前一樣喊得大小聲，喉嚨都啞了還沒半個人來。」

阿姨：「真的喔？這麼厲害？」

我：「當然是真的。叫他們有笑話也傳給你，三不五時來問候一下，拍了什麼漂亮的照片，馬上就可以傳，天天看孫子一點一點長大。現在大家都用這個，比打電話還好用。更好的是，用這個傳照片、傳訊息、講電話統統不用錢，再加上我這是零元手機，等於健康跟快樂都不用花錢，這樣讚不讚？」

阿姨：「還不錯啦。」

我：「阿姨，這叫 LINE 喔，記得嗎，念起來跟賴打（打火機）的賴差不多。最重要的是，這個要不要錢？」

阿姨：「不用錢。」

我：「對，要健康、開心，跟小孩聯絡、天天看孫子，統統不用錢。」

2 了解客人的牽掛，真正的專業叫體貼

分析上一節的對話情境，大家有沒有注意到，我從第一句到最後一句，不但沒提到任何規格或專有名詞，連大多數人熟悉的3G、4G、Wi-Fi，我也完全沒有講到，因為對阿公阿嬤這一輩來說，大多聽不懂這些。

不懂沒關係，櫃檯人員可以幫她設定，家人也可以幫她設定，她只要會打電話、接電話、照相，偶爾發一下LINE就夠了。甚至，我連這支手機是哪個牌子、哪個型號也沒講。

對老人家來說，下列這些才是最重要的，必須一一破解：

- 要花錢
- 有3C恐懼症
- 跟小孩、孫子的關係
- 跟親朋好友的關係

■針對要花錢的疑慮：

一開始就跟對方說明這是零元手機，不用花錢，至於通話費、網路費那些，則留到後面再說。不是要欺騙她，是這個時候要**先讓她專心了解產品**，**一次講太多根本記不住**、**更會打壞印象**；等她要買了，或者下次帶小孩一起來，我們再一起說明，到時候如果覺得貴，再回到引導問法上，讓他們自己判斷。

比方說：

- 換新手機，頭腦不會被電磁波影響比較好，還是繼續用舊款的比較好？
- 用LINE跟全家人聯繫，每天都可以看孫子照片比較好，還是用舊款手機老是打過去沒人接比較好？
- 講家裡電話、講手機都要錢，講網路電話不用錢，是不是就把網路費那多一點點的錢省回來還有賺了？

■針對3C恐懼症：

其實我們態度親切的說明，老人家的戒心已經先降低一半了，接下來，只要**講跟她有關係的重點就可以**。像剛才說到的打電話、接電話、照相、傳訊息這四個，其他怎麼設定都不用講。然後，去強調使用以後一家和樂的景象，用幸福畫面來消除她的恐懼。

■針對小孩、孫子及親朋好友的關係：

老人家最在意「人」，比方說家人的關係，還有跟朋友一起出去吃飯、旅遊等，所以我們一開始就向他們說明不用錢、講電磁波危害、講螢幕顯示字很大，比較功能性，最後用家人感情和樂收尾，讓她產生認同感。

然而，老人家記性通常不大好，買了以後，我會多做一個動作，把客戶關係做進去。

我：「阿姨，剛剛講這麼多，如果你忘記了，沒關係，我現在把我的手機號碼輸入進去，有哪裡不會用，再打給我就好。」

除了輸入公司名字、我的暱稱之外，我還會加入**自己專業上的特點**，比方「遠傳手機專家：娜娜」，讓她把**我跟手機的印象連結在一起**。

我：「阿姨，弄好了。回去以後，開心的時候想找人聊天，打給我；手機不會用不開心的時候，也打給我，這樣就開心囉。」

真正的專業，在於表現出體貼

我知道很多業務員會把自己手機號碼輸入進去，但是少了「連結形象」這個動作，「遠傳：陳茹芬」跟「遠傳手機專家：娜娜」哪個感覺比較好？有一天如果阿姨要換手機，會找「中華電信：李小華」、「台哥大：張大明」還是「遠傳手機專家：娜娜」？

銷售的時候，業務員不只要會用最簡單的大白話說明，**真正的專業更要體貼，與其講了一堆客人還是不知道選什麼，不如幫他選出最適合的產品**。

這也是一種良心，業績來源有很多種，不要只想賣佣金最高的，站在客戶的角度為他選擇，我們照樣有業績可以賺，而且只要他用了覺得好，以後換手機就會來找你，有家人、朋友想買手機也會推薦你。

做服務的時候，不要講「有問題再來找我」，而要講「開心的時候就打給我」，結合輸入自己手機號碼這招，客人從頭到尾對你的印象都會很正面。

賣幸福畫面帶來的快樂氣氛，深植人心、又跟其他業務做出區隔，正是不斷創造回頭客的祕訣。

對了，別只光顧著打好自己形象，多問阿姨一句：「你小孩叫什麼名字？來，我幫你輸入進去。」如果阿姨記得電話號碼最好，直接幫她輸入，但我猜大部分的老人家應該都不記得，沒關係，輸入名字就好，號碼回去讓孩子自己弄，記得提醒她說：「阿姨，你回去要跟小孩說，你拿到手機，第一個輸入的名字就是他喔。」幫客人在親朋好友前面做形象，更高竿！

賣車女王十倍勝的業務絕學

- □銷售時要講客戶聽得懂的話，大白話、不賣弄知識，才叫做專業。
- □了解客人的牽掛，逐一破解他最在乎的問題點，並展現出體貼。
- □說明商品時態度要親切，但不要一股腦把所有資訊全塞給他，只需講跟他有關係的重點即可。
- □把自己的形象和商品連結起來，讓他下次有需求，第一個想到你。

第三部

感性銷售與超業布局

第6章

賣快樂。感性銷售的威力超乎想像

1 樂業，既然是你自己選的

去過日本的朋友，相信對到處都有的販賣機印象深刻。從飲料到香菸、零食、泡麵、雨傘、書本等，包山包海，當大家覺得新鮮有趣的時候，我卻意識到危機。販賣機今天可以賣小東西，明天搞不好連汽車都能賣。

在這個情境裡，販賣機也可以換成網路這類，不需要透過人來介紹而成交的工具。比方現在證券營業員，就逐漸被網路取代，用網路下單更方便，手續費又比較低，為什麼還要透過真人處理呢？

一家公司之所以需要業務員，他們存在的價值，就是**讓客人本來只要買十元的東西，卻因為你開口介紹、招呼，他最後買了不只十元**。

如果客人上門說要買十元，你就只賣他十元的東西，那麼公司不如放一台販賣機就好，沒有情緒、不會生病，只要插電，偶爾保養一下，就可以每天二十四小時工作，全年無休，還不用付加班費，多好？

販賣機是死的，人是活的。身為人，無可取代的價值，就是感情；要以愛為出發點，業務這份工作就能做得長長久久。

愛公司、愛產品、愛客人

人跟人相遇都是緣分，碰到每一個客戶也是，好客、奧客都是緣分。身為業務員，不要小看情緒的反射，當你看到客人臉色不爽，心想他是個奧客，他心裡一定也在想：「你別以為我不知道你把我當奧客。」

同樣的，我一直很喜悅的對待你，就不相信你會給我臭臉看；至少以我十八年來，跟幾萬個客人交手的經驗，這種事從來沒有發生過。

生活方面，保持一貫態度，隨時與人為善，你一直對人家好，對方一定也有感覺，最終做出善意回應。

工作方面，業務員要認同公司和所賣的產品。

講到這裡，先問大家一個問題：請問，家人可以選擇嗎？當然不行。我們生在哪一戶人家，不管喜歡或討厭都必須接受。

可是，你的工作可不可以選擇？既然是自己選的，為什麼不認同它？每天來上班就有錢賺，有時候公司還出錢給我們教育訓練，既可以賺錢、又可以學到東西，這樣幸不幸福？

以我自己為例，進公司十八年來，我從不遲到，每天比公司規定提早二、三十分鐘報到，把它當自己家。進公司後我會先四處巡一巡，開好冷氣，再泡泡茶、整理一下東西，讓其他同事一進門就有好感覺，營造一個開心的氣氛。同事們開心，對待客人就開心，不再覺得來上班辛苦。

2 把客戶當家人記著，兩句話就成交

這節要和大家分享的成交故事，關鍵在於這串車牌號碼：HS─〇7〇9。基於保護車主隱私，請容我給車牌號碼打馬賽克。

事情先回溯到我剛入行的菜鳥時期，車主胡大哥當年跟我買了一輛美規的三〇〇〇C.C. GOA CAMRY，由於這是我職業生涯成交的頭幾輛車，雖然已經不記得胡大哥名字，但對車牌號碼印象深刻。

二〇一四年夏天，胡大哥和太太帶著女兒、女婿來公司，打算買車給女兒當嫁妝，那天我剛好外出，同事打電話來，要我務必趕緊回公司，說有一個客人非見到我不可。

我回到公司的時候，看他除了胖一點、白頭髮多一點之外沒什麼變，於是很高興的大叫：「胡大哥！」

胡大哥：「你還認得我喔！」

「當然記得，HS—○7○9！」我立刻報出他的車牌號碼。

忽然間他楞在那裡，不只他感動，一旁的胡大嫂更感動，衝著我大喊：「你怎麼知道？」

我說：「有感人嗎？」

胡大嫂：「有有有！」

他們那天坐女婿的車來，公司停車場並沒有那輛老CAMRY，我看他們邊講話，頭還一直朝外面四處張望，彷彿懷疑有誰偷偷把老車開來似的，要不然我怎麼能背誦出車牌號碼？

我搭著胡大嫂的肩膀，親暱的說：「你們就是我的家人啊，哪有人會不記得自己家車牌號碼的呢？」

說真的，這句話其實有點言過其實，因為一般來說，除了車主本身，其他家人很少會主動去記自家的車牌號碼，更不用提十八年前的業務員。但看他們夫婦感動的模樣，我這稍微誇張的表現，應該也不為過吧？

我緊接著問：「今天怎麼想到要來看車？」

胡大嫂：「女兒要嫁人啦！」

我：「哇，那時候剛認識她，才國中要升高中吧，現在都要嫁人囉！我以前看妹妹，就知道是個好命的孩子，一定會嫁個好老公；你們女婿也是一看就知道事業做得好、個性又體貼的人。你們有想要看哪一款車？」

胡大哥：「ALTIS。」

我：「掛誰的名字。」

胡大哥：「女婿的。」

我：「哇！胡大哥真是疼女兒的好爸爸，惜花連盆（台語，愛屋及烏的意思），連女婿也一起疼。」

全家人都被我逗得哈哈大笑。

最後我開玩笑說：「來！現在女婿再背一遍車牌號碼，背不出來，女兒就不要嫁給他了！」

一家四口笑得好開心，眼前是一幅幸福的畫面。我誠心的說：「車子買女婿名字最好了，更有一家人的感覺。」

我看著女婿說：「有帶身分證嗎？」

女婿：「有。」

我跟他拿了身分證，轉頭向同事招招手，請他來收，順口交代：「可以把訂單拿出來寫一寫了。」

同事呆住了，問：「那……那要寫什麼？」

我：「先寫資料，顏色等一下填上去就好。」

用誠信與愛埋下的種子，某一天必長出果實

我不是開玩笑，真的聊了一下就成交了。原因很簡單：我做了十八年，如果價錢比別人貴、服務不夠好，現在資訊這麼發達，會有超過五千位客人讓我騙嗎？另外，我跟他們說價錢不用多講，女兒結婚發帖子過來，我鐵定包個大紅包要去坐大位。紅包都敢包了，還會賺你們的錢嗎？

這回我沒有用殺價對應話術、也沒有引導兩兩比較，更不用費心破解來踢館的親友團，全靠一家人的親近感拿下訂單。

用誠信與愛埋下的客戶種子，會在不知道哪一天長出美麗的果實。像碰到老朋友一樣打個招呼，講兩句就成交，要說幸運是很幸運，不過要是十八年前沒留下好印象，賣車的業務這麼多，胡大哥何必專程帶著家人，非要找到我？更重要的是，彼此中間十幾年沒聯絡，信任感卻一點都沒變。

帶著第二代來買車的不只胡大哥，在第二章提過的，從奧客變成好朋友的陳大哥，也在十幾年後帶著孩子來看車，只不過情況遠比胡大哥複雜，簡直媲美八點檔連續劇。詳情將在下節分曉。

▲時間過得真快，當年買車給女兒當結婚賀禮的胡大哥和胡大嫂，孫子今年都已經這麼大了。

3 賣「圓」滿，別賣「方」案

在這節開始前，我先前情提要一下：第二章曾提到，開小工廠的陳大哥來看車，說要買卻一直沒下單，我跑去他們工廠前前後後十幾趟，中間連主管都勸我放棄，我還是跟他拚了。

做業務做到在人家家裡幫忙泡茶、掃地、跟著家人一起上桌吃飯，最後所有客人、廠商、宗教界的朋友都幫我講話，陳大哥終於願意相信我，買了客貨兩用車海獅，之後又介紹許多朋友來跟我買，本來攻不下來的奧客，變成超讚好客人。

十多年後，陳大哥夫婦帶了三個孩子來看車，要把當年手排的海獅賣掉，打算換七人座休旅車 WISH。照理說，陳大哥以前跟我買過，還幫忙介紹了無數朋友，現在要換的車款也很確定，事情應該很簡單，沒想到完全不是這樣，整個銷售過程照樣不斷卡關，比起當年有過之而無不及。

問題出在家裡意見不合。雖是由爸媽帶來看，實際是孩子們出錢。陳大哥的三個孩子已經在工作，平常會幫忙分攤家計，都還沒結婚。

一開始情況還算順利，全家五個人裡面，陳大哥、陳大嫂、老大、老三（么妹），有四個人都喜歡T牌，來公司本意就是要訂了，當價錢談得差不多，準備簽約之際，陳大哥問孩子們覺得如何，想買進口休旅車的老二先擺個撲克臉說：「沒意見。」後來又一直堅持還要再看看。

陳大哥很寵孩子，非常尊重他們的意見，可是一旦孩子意見不和，他就不知道該怎麼辦，擔心萬一贊成這個，另一個會受傷，加上老大又是個好好先生，沒有人能主導局面，弄得氣氛有點僵。

我想，雖然三兄妹們早就講好各自分工，且買車是給全家用，而非個人用途，但因為比較有個性的老二主掌換新車的錢，意見加倍有分量，必須讓他點頭，這筆訂單才簽得下來。

最後，陳大哥說：「我們回去再討論一下。」

十幾年前的銷售瓶頸，彷彿再度上演。

幫客人解決煩心事，他就信任你

幾天後，我外出談事情，順道過去陳大哥家拜訪，發揮當年「跟他拚了」的精神，非把這個案子簽下來不可。

因為以前跑得很熟，陳大嫂很自然就讓我進門，在家裡聊，氣氛輕鬆很多，邊講邊泡茶，話匣子一開聊不完。陳大嫂說家裡老二、老三從小就合不來，買車這種大事就更不用說。那天從我們公司回來後，老二沒頭沒腦發了一頓脾氣，害她失眠一個晚上。

打從那天起，全家氣氛就很緊繃，兄妹倆見面也不講話，好像仇人一樣。

我：「還沒買車，兩個人就鬥成這樣，車子買回來以後，要給誰開？是給老二載女朋友，還是給老三載男朋友？現在單身還簡單。等他們年紀再大一點，很快就會結婚生小孩，再加進老婆、老公、小孩，車還沒開出去，人就打成一團了。」

陳大嫂更憂愁了：「啊，對喔，你沒講，我還沒想到這些。」

我：「大嫂，我跟你講，我們那輛才七十萬而已，現在有一個小資專案，付一點點頭款之後，第一年每個月只要兩千多元，就可以把車開回去。」

陳大嫂：「兩千多……然後咧？」

我：「第二年開始，每個月付一萬左右，之後接上你們家快付清的保險，到時候可以一次付掉，還是你要繼續慢慢繳也ＯＫ。」

陳大嫂接著問：「利息會不會很高？」

我：「先不要去想利息高不高的問題，**兩千四百元讓你租一輛車一個月**，划不划算？兩千四百元，這是**外面一輛租賃車掛全險租兩天的價錢**，不認識還沒這麼便宜喔。現在不只開兩天，天天都能開回家，又解決弟弟妹妹吵不完的問題。」

陳大嫂表情放鬆下來，沒有剛才那麼煩惱了。

我接著說：「都是自己人，我給你辦一個利息很低、跟別人不一樣的貸款。你們房子是自己的，三個小孩都有穩定工作，我是老鳥，你們又是我的老客戶，我一定想辦法讓它過件。

「這樣一來，每個月只繳那麼一點點錢，就算是妹妹也可以出，不用動到弟弟的存款。他繼續存他的買車基金，以後存更多，想買進口車還是可以買。」

跟十幾年前一樣，**我不跟她賣東西，而是讓他們自己想清楚**，謝謝大嫂招待後，我就回公司了。我猜，三天內他們就會打電話來。

三天後，果然被我料中，陳大哥先打來問方案內容，經過仔細說明，很快就簽約了。

做出客觀分析，讓客人自己決定

很多業務會賣「方」案，我剛好顛倒，賣客人一個「圓」滿。

賣方案的人，腦袋裡想的是自己的業績，賣圓滿的人，腦袋裡想的是怎麼解決客人的問題，這張訂單牽涉的人多，特別是卡關的關鍵，既不是家長也不是陳家老大，而是有個性的老二；客人憂慮的不是優惠，是家人失和。所以我一直想，要怎樣才能讓每個人都滿意？我們不在利息高低裡面打轉，跟家和萬事與比起來，利息顯得小意思，業務只需做好客觀分析，讓客人自己決定。

主動幫客人想，從「我」變成「我們」，對成交有非常大幫助。這就跟餐廳點菜一樣，如果外場經理為了衝業績，明明對方只有兩個人，強銷人家點十道菜，客人還沒吃壓力就大，吃不完打包，又要傷腦筋怎麼處理。就算賺到眼前的業績，客人以後一想到那家餐廳就頭痛加胃痛，根本不想去。如果經理是為了客人想，兩個人點了五道菜，他主動提醒：「這樣好像差不多了，吃不夠我們再加。」是不是比較貼心？真的關心客人需求，吃得舒服，他下次就一定還會來。

4 月底你得衝業績，替客人著急就對了

汽車業務員的業績以月底領牌數計算，所以我們跟大多數產業的業務一樣，有月底衝業績的壓力，尤其汽車是高單價商品，客人要比價、拗贈品、問家裡意見，商談過程會比較長，如果在月底前碰到客人想東想西，真的會急到跳腳。許多業務員是這樣講的：

「你如果沒有月底領牌，我一定掛掉，會被扣獎金五千元，幫忙一下！」

「你如果不在月底領，我就會被長官釘到牆上了，別這樣啦！」

但我會這樣講：「你這個月貸款好不容易過了，如果月底沒有領牌，**下個月可能又要再送一次**，多麻煩啊。還有啊，我那天看新聞，**利率好像要漲了喔，早點領牌可以多省好多錢。**」

兩種講法的差異，在於「被扣獎金五千元」、「被長官釘到牆上」，想的

都是「我」，業務員只在意自己的業績，要客人跟你一起承擔事業成敗，可是這跟客人一點關係都沒有，他根本不會理你。

從客戶的立場看問題，感受度才高

我的說法想的都是「你」，也就是**從客人關心的事情下手**。比方貸款送件可以不要再來一次，大家都浪費時間；利率要漲了，更是直接關係荷包，他可以省五千元，和業務員要被扣獎金五千元，兩個比起來，感受度哪個高？因此，我的客人配合度非常高。**我先幫他想，他自然也會回過頭來幫我做業績**，這是良性循環。

月底催促趕快成交領牌，可以這樣做，我賣特別車款也一樣，道理都相通。我會跟客人說：「最近這款車價一直在漲，公司不知道什麼時候又要調，早買早划算。」只要聽我說這種話，那些還在猶豫的，通常很快就會下決定。

多站在別人的立場想，很多事情反而更圓滿，他開心，我也達成任務。

5 聽說話腔調，跟客人對頻

業務員最能創造跟客人同一國感覺的，就是講話的腔調。

我從小在萬華長大，台語溜是應該的，但之後我做了非常多榮車中心（榮民計程車業服務中心）的生意，說起這段歷史，整個榮車體系編號〇〇二的車子，就是我賣的。因此以輩分來說，我的資歷足以讓許多同業跌破眼鏡。

榮車中心的叔叔伯伯幾乎只會講國語，又是鄉音很重的那種，南腔北調什麼都有，為什麼我這個台灣囝仔，可以讓他們有共鳴感？

我高中時代，很多老師是從大陸來台的老先生，教國文、歷史、地理不稀奇，連數學老師也是大陸的老伯伯。我印象最深的是數學符號「伽馬」（Gamma），他講得像台語的「柑仔」，解一題數學，橘子滿天飛。沒想到習慣聽鄉音這段經歷，跑榮車中心跟「北杯」們意外麻吉，不光聽得懂，我也學他的口音講話，他一覺得親切，認為我很用心，就跟我買車了。

至於我的母語——台語，就更不用說了，我不只講得溜，還把每個地方的腔調當成外語在學，別小看這一點點差異，可是會大大影響對方感覺。

談話時，我大多跟著客人的口音講話，有人聽到熟悉的腔調，會先問我：「你是雲林人嗎？」我就會回他：「你怎麼知道？我堂弟在雲林。」我絕不說謊，但我堂弟在雲林是真的，對方同樣能感到我想跟他同一國的誠意。

有時候，我也不知道那個口音來自哪裡，照樣**跟著客人的腔調講話**，客人自己會先掀底牌：「你台南來的？」我就會回他：「對啊，我阿姨住台南。」

那麼，別的地方怎麼辦？大家不妨想一下，總有親戚朋友同學或熟客吧，人不親土親，用腔調拉近距離是很有效的方法。有時候本來前面談得很卡，一講到同鄉話題，**變成「咱自己人」以後，忽然什麼都好談**。

做業務的都知道要把客人分類，我認為不是用職業來分，也不是用收入、穿著來分；用講話方式來替客人分類，效果最好，開口講每一句話，都像在跟客人對上頻率（簡稱對頻）。

對頻這個技巧，其實就是在投其所好，從耳朵聽到、眼睛看到的都可以派上用場，下一節，就舉一個用手鏈和客人對頻的成交故事。

6 對自己大方的客人，讓他覺得虧欠親友團

這個案例是先生要買車，談得差不多了，因為太太有點意見還沒決定，於是我約了去他家拜訪。按了電鈴，太太來開門，才打完招呼說大嫂您好，她一眼見到我手上的潘朵拉（PANDORA）手鏈，立刻驚呼：「潘朵拉！」一邊伸出右手來拉我進去，一邊左手還拿著潘朵拉的型錄。

人都還沒坐下，她半開玩笑半認真的說：「我老公就為了要跟你買車，害得我的潘朵拉都沒了。」

記得前面曾經提過，女性的一句話就能影響成交嗎？我立刻進入戰鬥狀態，準備接招。

我：「他要買新車了耶，你有開心嗎？」

大嫂：「還不錯啦。」

我：「你們有了車以後，就可以去實現更偉大的夢想。你先讓老公買車，

想想看，他本來平常只送你七千元的禮物，現在自己買了七十萬的車，還不會補償你，把禮物的預算上限提高到兩萬七嗎？我等下幫你跟他講！」

講到這裡我特別加大音量，刻意跟大嫂同一國，要幫她爭取福利。

這位先生也很妙，看車的時候明明條件都談好了，現在機會這麼完美，老婆看到潘朵拉超開心，他隨口應一句就可以簽約了，但這位老兄大概擔心荷包大失血，沒有順勢「好啦好啦」矇混過去，反而哪壺不開提哪壺的說：「潘朵拉的手鏈在台灣買太貴了，去加拿大買比較便宜。」

我：「大家都這樣講，可是坐飛機更花錢。」

先生：「出國玩的時候順便買就好。」

我：「要便宜的話，去哪裡最便宜，你知道嗎？」

先生：「哪裡？」

我：「去夜市買最便宜！掛在手上晃來晃去，誰看得到真的假的？」

我使出心電圖效應這招，先生冷不防被潑了一身冷水，一時之間不知道怎麼回話。眼看他接不上話，我趕緊說：「大哥，我開玩笑的啦。」

化解尷尬後，我聲音放柔和慢慢說：

「其實啊，女人要的不過就是一種fu，在台灣買潘朵拉手鍊，聽櫃姐講這顆是什麼故事、那顆是什麼故事，感覺很好。你知道嗎？像這顆叫做『公主之心』，你看，粉紅色的愛心，上面有個皇冠，意思就是，女人所愛的男人把她捧在手掌心。有時候，女人在乎的是心意，只要男人心中有她，也就滿足了。

「你們剛買車花比較多錢，等過一陣子賺回來後，記得要謝謝大嫂，送她一條手鏈，也讓她實現一下夢想。」

如果你是先生，聽完會不會鬆了口氣？而且真的想好好謝謝太太？

如果你是太太，聽完會不會喜歡我？而且同意給先生買車？

結果當然是順利成交，現金一次付清。

感性銷售的威力，超乎想像

我之所以接觸潘朵拉手鏈，是因為原本戴的佛珠掉了，怎麼找都找不到，我習慣手上戴個東西，那天百貨公司專櫃人不多，想說買條手鏈應該很快，結果聽櫃姐一講就入迷了，每聽一個故事就想買一顆。幸好她只講五顆，如果一次講五十顆，我大概會破產。

潘朵拉賣的不單純是飾品，而是一條許願手鏈，想被疼愛也好、事業有成也罷、心願會實現也好，有了這些感性銷售的加持，東西再貴也不貴了。我不知道加拿大的櫃姐會不會講故事，就算會，她講的我不一定全部聽得懂，感覺就差很多，若是單純買飾品，那不如買便宜的就好。

我講這麼多，並不是要幫潘朵拉打廣告，而是想藉此向大家說明，跟客人溝通的時候，**不只講商品本身怎樣好，更重要的是帶給他們幸福的感覺**。

除了靠隨身物品和客人對頻以外，現在也流行用臉書、LINE，多注意客人在上頭分享的訊息，就算從沒見過面，僅僅是滑手機、透過社群媒體互動，也能投其所好，塑造同一國的感覺。下一節就和大家分享，韓星李敏鎬幫我賣了一輛車的故事。

7 李敏鎬幫我賣了一輛車

某個月底我正在趕業績，突然接到一通電話，一位太太打來公司詢價。我見機會難得，報了個優惠價給她，同時再三強調：「今天已經二十九號了，你要快點決定，我現在需要客人在明天三十號簽約喔。」

她也很乾脆：「好啊，價錢OK就跟你買。」聽起來個性很豪爽。

我：「我最愛你這種阿莎力的人，讚！我們個性很合！」

稱讚歸稱讚，阿莎力的人殺起價來也沒在客氣的，雙方討價還價講了很久，有點僵持不下。

我：「要不然這樣子好了，你先加我的LINE，我把名片傳給你，這樣你才知道我公司在哪裡。」

這麼做有兩個用意，**第一、轉換氣氛；第二、要到她的手機號碼**。

一分鐘後，她加了我的LINE，我正要把名片傳過去，注意到她的大頭貼不是自己，而是韓國明星李敏鎬，不難猜到她也被這位師奶殺手電暈了。

回電給她的時候，我劈頭第一句就說：「李～敏～鎬～。」

師奶：「李敏鎬？你也喜歡李敏鎬？」

我：「對啊，我也超愛他的。」因為李敏鎬，我們瞬間變成自己人。

當時我用公司電話打去她家，談話過程中，我的手機一直叮叮噹噹接到她傳來的 LINE 訊息，李敏鎬月曆、李敏鎬桌曆、李敏鎬茶杯、李敏鎬 CD、李敏鎬便利貼、李敏鎬腳印……太神奇了，這不是普通的喜歡，這位師奶根本愛到發狂，後來連車價也不談了，話題被帶到她上個月去韓國玩，專程跑去韓劇裡面的景點朝聖，講到停不下來。

沒辦法了，我只好打斷她：「大嫂……我明天要趕著領牌耶。」

師奶：「沒問題！我叫老公明天一早帶證件去你公司，我會先去領錢。」

隔天是三十號，她老公一早就到公司，很客氣的跟我說，老婆有交代他先帶證件過來辦，她去領錢馬上就到。

老婆豪爽阿莎力，老公客氣溫和，不用說也知道，很典型的太太主導型家庭。十分鐘後，師奶也來了，人還沒進門，聲音先到。

師奶：「李敏鎬！我叫你證件先拿給陳小姐，你給了沒？」

我看著她先生的禿頭，哪裡像李敏鎬了？想笑但又不能笑，憋得有點難受。想不到這位師奶竟然把老公也改名叫做李敏鎬。

師奶手上提了兩大包東西，左手拿錢，右手拿各種李敏鎬商品，八成是把昨天在LINE上傳給我看的那些全帶過來了。

先生：「我們還沒問陳小姐要送什麼贈品？」

師奶：「**她就自己人，還問那麼多幹嘛**？你證件有給人家就好。」

只見她霸氣十足的叫老公跟我助理去裡面算錢、跑後續的行政流程，接著回過頭來繼續跟我大聊李敏鎬，並一件一件秀出她帶來的商品。

一出手就創造驚喜，客戶認同感倍增

時代在變，做業務的方式也要變，以前的業務SOP教人怎麼沿街拜訪、整棟大樓掃一遍；現在不要說保全人員、監視系統這麼多，連手機來電顯示不認識的號碼，大部分的人都直接略過不接。為此，你得找出符合時代潮流的銷售方法，**讓客人主動把我們加進他們的世界**，找理由跟他互動，然後從 LINE、臉書這些工具上，觀察他喜歡什麼，一出手就創造驚喜，他對我們的認同感會立刻倍增。

跟客人建立同一國情感，不代表每次都能像潘朵拉、李敏鎬這麼順暢，只因為對方心情爽就立刻下單。大部分的案子，我和大家一樣，還是得一步步的進展至解說商品階段才成交得了。不過，我幾乎不談規格、數字那些硬梆梆的東西，而是改用生活化的方式來讓客人感受，光是聽我描述，就可以預見買車以後的美好情境，家庭和樂、事業順利，像看電影一樣有畫面。

8 指著C卻介紹A，試坐V，照樣成交

大家有沒有買電腦的經驗？業務員是不是很愛搭專業術語？其實我們只要上網速度夠快，看電影、電視劇順暢流利，偶爾把工作帶回家方便處理，然後電腦不要常當機就好，沒差那五百、一千元的價錢，可不可以用小孩跟老人都聽得懂的方式解說？

換成我的話會這樣說：

「你看我們這台，上網很順喔，看李敏鎬的韓劇都不會卡卡，表情不斷線，從頭到尾一樣帥。下班回家做PowerPoint，想到哪裡做到哪裡，加照片、加音樂、加影片，絕對不會頓頓的，還可以做效果飛來飛去，明天老闆一定誇你用腦又用心，很快就升官又加薪！」

業務員不是工程師，要用客人聽得懂的講法來介紹產品。以賣車來說，我幾乎不講專有名詞，而是用實際例子讓客人有感。

不講數字，讓客人實際感受產品

有回一對夫婦來看車，我只帶他們到展示間試坐就成交了。我先讓夫妻倆看看車體外觀，一邊引導他們想像。

我：「你看，我們現在要開去烏來，先賞花再去泡湯，喔~大哥，你想想看，老婆多久沒坐在你旁邊了？像以前談戀愛一樣，超開心的；大嫂，老公這麼愛你，好幸福喔！」

講到車內空間。大嫂指了旁邊另一輛問：「這兩輛寬度差多少？」

我覺得他們比較適合剛才看的中型車 ALTIS，所以**先帶他們去看小一點的車**。把後車門打開：「大哥你先坐進去，大嫂，請你來一下，坐中間。」

等他們兩人入座，我再坐進去，並**微微往大嫂身上靠**，然後把車門關起來。

我：「你們看，好擠喔，這輛太小了。」

之後我們回來坐中型車，我一樣把後車門打開：「大哥你先坐進去，大嫂，請你來一下，坐中間。」

等他們兩人入座，我再坐進去，並**微微往車門邊靠**，然後把車門關起來。

我：「你們看，還這麼寬，這輛空間夠舒適！」

反過來，如果我覺得他們比較適合小車，就會先帶他們去看大一點的車。因為大車的空間本來就夠，加上我又往車門邊靠，就會顯得空間過大、沒有必要，之後再補充說明大車比較耗油這點，形成超出需求很多的感覺。

再回來看小車，這時候我也往車門邊靠，會稍微多點空間出來，再補充小車比較省油這點，形成剛剛好符合需求的感覺。

每個人的體型跟在意的地方都不一樣，與其講死的數字，不如用他能實際感受的方法講解產品，順帶引導他的需求。

講錯哈哈一笑，照樣成交

講完情境、比完空間，要進入選哪一級配備，這個確定了，差不多就可以簽約。我帶著他們走回座位區，夫婦倆還問個沒完。

我一邊答覆他們提出的配備升級問題，一邊說：「我先確定一下，這輛

ALTIS是……。」

我話還沒講完，看旁邊同事眼神怪怪的一直盯著我，其中一位小張快步走過來，小聲跟我說：「娜姊，這輛是CAMRY，不是ALTIS！」

我大吃一驚：「你怎麼不早講？」

小張：「我們看你講得那麼精彩，聽到也被催眠，都忘記了。」

這時候，旁邊整排業務同仁，連櫃檯小姐都在笑。

我這才想起來，昨晚停ALTIS的地方跟CAMRY對調，我沒注意，還照原來擺的位置講。我：「啊，歹勢歹勢，這邊這輛才對，不好意思，搞錯了！」

但他們一點也不在意，還在討論要加什麼配備，照樣順利簽約。

9 來借廁所，結果買輛車回家

有一天，一位曾經跟我買過車的客人出現在營業所，我見他很面熟，回想了一下，是大概一年前剛換車的李大哥。根據那時候談話的印象，他對升級版、3C類的東西很有興趣，於是我趕快走過去跟他打招呼。

我：「李大哥，今天怎麼有空過來？」

李大哥：「沒有啦，路過來借個廁所。」

我：「這樣喔，我跟你說，我們最近出一款新的WISH，有附贈一台iPad，可以和車子連線，是你那輛的升級版喔，來看一下。」

李大哥：「我才剛換車一年……。」

我：「看一下而已，又不用錢，和別人聊天才有話題啊。」

他坐上駕駛座，我在副手席上跟他介紹，講了一堆車上有iPad多方便，連上網路可以導航、螢幕超級大，比一般導航機的小螢幕好太多了；想看報紙不用花錢買，隨時按一按，什麼報都找得到……。

李大哥：「咦，這台 iPad 怎麼打不開？」只見他按來按去都沒反應。

我：「現在還沒接電，要發動引擎才開得了。」

李大哥：「可以拿鑰匙來開一下試試看嗎？」

我：「好，沒問題。」我下車請同事阿誠拿鑰匙過來，沒想到他竟捧著一台 iPad。

阿誠：「娜姊，iPad 在這裡。」

我：「那……那車裡那個是什麼？」

阿誠：「那是展示用的貼皮，不是真的 iPad 啦！」

我又氣又急：「……你剛才不會講喔！」

阿誠：「我看客人按得好開心，還是不要打斷你們好了。」

李大哥確實玩得很高興，沒太在意是貼皮還是真的機器。對他來說，有個很炫的新玩具比什麼都重要，**當下就把才買了一年的車子委託我估掉**，要換這輛有 iPad 的新款車。

業務的專業是，讓客人相信、喜歡你

客人來借個廁所，結果買了一輛車回去，這就是賣幸福畫面的威力。有媒體朋友問我，連要賣的車子都介紹錯、車上沒真的 iPad 也敢拿來講，會不會顯得不專業？我反問他：「你知道業務員的專業是什麼嗎？」

媒體朋友：「嗯……熟悉產品？」

我：「那是專業沒錯，不過更重要的是：讓客人相信你、喜歡你。」

把全部心思放在客人身上，了解他想要什麼，比方看出 ALTIS 夫婦感情很好，所以我跟他們說開車出去玩，感情會更甜蜜蜜；敢跟李大哥推 iPad 車款，是因為抓住他喜歡3C的特性。為什麼我一眼就能看出打動夫妻檔客戶的點？為什麼一年前成交的客人我還記得他喜歡什麼？這，就是我的專業！

10 換新車全家族哭成一團，害我也……

某天，我經過路邊停車場，看到一輛老貨車瑞獅，連後車門都是早期側開的，車主很用心的擦車子，我看車子有點年分了，外觀卻亮晶晶，好奇過去跟車主打招呼。

我：「大哥，你這輛車有夠漂亮，請問它幾歲了？」

大哥：「它叫阿牛。差不多二十五歲吧，那時候我跟老婆剛結婚，到現在小孩都大學畢業了，就靠它幫我們全家賺錢。」

我：「我自己也有一輛，叫做Q妹，改天介紹它們兩個認識一下！哇，你車子顧成這樣，賣車的都沒生意了，哈哈哈！」

大哥：「有啦，我最近也有在想要換車啦。」

大哥姓王，問我在做什麼，我才說在T牌。王大哥主動跟我要了名片，說改天會來公司找我談。

一個星期後他來了，問我手上這輛舊車如果要估價可估多少，我仔細前後左右、上上下下看了一番，車況還算不錯，應該有人願意接手，只不過年分實在太老，說實話，價錢應該有限。

大概評估完，王大哥特別交代，他知道價錢賣不高，但一定要找一個愛車、懂車的人接手。我說：「這個沒問題，我來想辦法。」

後來透過朋友轉介，好不容易找到一位老實的車主，才請王大哥過來辦手續，沒想到他們全家族都來了，太太、兒子、女兒、舅舅、舅媽、阿姨、姨丈，在車子前面又獨照、又合照，也拉我一起拍，非常捨不得的樣子。手續辦完，要送走老車的時候，大家哭成一團，我走上前本來想安慰，結果抱在一起哭。只有王大哥和他兒子沒哭，不過眼淚在眼眶裡打轉，差一點就流下來了。

整個畫面就好像電影裡的導盲犬要退休，即將被送去別人家一樣。老瑞獅車頭燈像導盲犬的眼睛，一眨也不眨，依依不捨，只能巴巴的看著主人。

我忽然感到那不是車子，而是家人；車齡不是二十五年，是二十五歲。

成交，始終來自人性

我以前碰到這種場合，總覺得舊的不去新的不來，我做了十八年的業務，車賣太多了，不過舊車一輛，有什麼好哭的？但那次以後我完全改觀，深深體會老車像家人的感情。

辦完阿牛手續，要交新車的時候，王大哥全家人因為已經宣洩過情緒，儘管捨不得，另一方面，也為家裡有了新車，生活過得更好而喜悅。全家很滿足的坐上車，要開走的時候，王大哥把窗戶搖下來說：「娜娜，謝謝你！我會再介紹朋友來。」

成交很開心，成交後被客人稱讚更開心。我想剛才的合照，有一天會放在他們家客廳最顯眼的地方，每個客人來都會看到阿牛，也會聽到一段故事，知道T牌有個很不一樣業務的叫娜娜，陪他們一起走完阿牛的黃金歲月。

套句以前NOKIA的經典廣告詞，不過我要稍微修改一下：「成交，始終來自人性」。用幸福畫面銷售，訴求人的感性面，客人感受更直接，跟我們的關係也更好。

賣車女王十倍勝的業務絕學

□業務員存在的價值，是讓客人本來只買十元的東西，卻因為你開口介紹、招呼，他最後買了不只十元。

□賣方案的人，腦袋裡想的是自己的業績，賣圓滿的人，想的是怎麼解決客人的問題，業務只需做出客觀分析，讓客人自己決定。

□協調問題時，別只站在自己的立場，從客戶的角度思考、讓他知道這件事和他有關，感受度才高。

□銷售時記得投其所好，從講話腔調、隨身飾品、興趣愛好、崇拜的明星等，都可以拿來和客人對上頻率。

□業務的專業並非把商品講得天花亂墜，而是用最淺顯的語言介紹，讓客人相信、喜歡你。

第7章

超業都懂布局業績，所以不必每月從頭做起

1 別把客戶當業績，要做朋友

做業務，最重要的就是業績收入，每個產業的業績來源都不同。比方像保險業，會有續保的需求，今年保了明年又保，就算對方接下來沒有再保，還是會有錢一直轉入戶頭裡。然而，汽車業的屬性在這方面**和一般零售業一樣，每個月都要從頭算起**，所以在演講的時候，很多學員朋友問我，每個月業績都要從頭來過，會不會很緊張？我都告訴他們：「我不是從零開始。」

這句話的意思是：只要你**成交過一個客戶，他就是一個朋友**，下次還有可能再跟你買，還會幫你介紹其他客人；只要做得越久，累積的朋友越多，每年光靠回頭客，就有一個固定的量。

我已經十幾年不值班了，也就是不必透過接待到店看車的客人做業績，**我每年有一大塊業績來自老朋友回來買、老朋友介紹他的朋友來買**。比方我今年賣七百零三輛，明年就從七百零三個朋友開始，只要好好跟這群朋友們往來，他們就會持續幫我帶來業績。

我說「朋友」而不說「客戶」，有兩個用意：

第一，我對待他們真的跟**對同學、朋友一樣，付出真心誠意**。回想一下，我們跟同學、朋友如果很久沒打個電話或 LINE 一下，雖然不會從認識變成不認識，但是不是很容易就生疏了？所以三不五時要噓寒問暖，讓對方記得我這個朋友。如此一來，朋友還會忘記你嗎？

顧客買完商品之後就忘記業務，這種情況很常見，別說一般家電、衣服、保養品，連車子也是。某位同業就曾碰過，客人交車一個多月後回廠保養，竟然忘記當初是跟誰買的。

有的業務**只把客人當提款機，平常沒有經營關係，客人買過還會不會回來，完全靠運氣**，運氣好一點偶爾回來一次；但更多時候因為沒有持續往來，客人跟別的業務交朋友以後，對他就陌生了。所以他每到月初都得開發新客戶，這樣做業務非常辛苦，也不容易長久。

其實，客人當初會來跟你買，就是因為喜歡你的公司、你的產品、喜歡你這個人，總不會來化妝品專櫃買電鍋、來汽車公司買電視吧？只做完一次生意就讓客人流失，是不是很可惜？

和客人混得像朋友一樣熟有很多好處，俗話常說「朋友還是老的好」，你懂他要什麼、他喜歡你的服務，就會主動幫你介紹朋友來買，這樣做業務效率更好。

買一千元和一萬元的人，誰重要？

第二，是因為**交朋友不分誰大誰小**。很多人覺得一個買一萬元的客人等於十個買一千元的客人，所以前者比後者重要。我認為這樣是不對的，**買一千元的客人，跟買一萬元的客人同樣重要**。為什麼？

一個買一萬元的客人，單價高，很重要沒錯，可是你一次只認識他一個人。十個買一千元的客人，加起來同樣是一萬元，但你一次可以認識十個人，透過這十個人，說不定你有機會多認識幾個會買三萬、五萬的朋友，這樣一圈一圈擴散出去，就是最好的人脈，比到處撒名片有效多了。

現在網路很發達，好好經營人際口碑，對於做業務絕對加分，例如經過媒體報導以後，有人專程從高雄打電話來找我買車，我完全不認識對方，光講電話他就願意相信我，把買一輛車幾十萬元的現金一次匯到公司。

這在別人眼裡看來好像很神奇，在我覺得，這是用心經營人脈以後自然的結果，那位高雄車主多多少少打聽過，或者在網路上搜尋過別人對我的評價，並且比較過車子的價錢、贈品等，先做了功課才打電話來印證，這證明了**平常好好做，機會來了才抓得住**。

那麼，要怎樣把客人變朋友呢？我會送他們四種禮物，請見下一節。

2 送禮，就要送到人家忘不了你

講到送禮，一般人會想到「花大錢、花時間」，其實不一定，但是絕對要用心。我常說時代在進步，大家的標準會提高，以前帶個伴手禮人家就很開心，現在要進階到伴「心」禮，就算是便利商店買的，也要跟對方說這是你專程跑了好幾家，才找到的限量款，讓每一份送出手的禮物發光發熱。

我有四種禮物：過年禮、中秋禮、平常禮、簡訊禮，用意各不相同，都是交朋友的好工具。

一、過年禮：一進門就發紅包，讓客戶滿意

每逢過年期間，我會準備很多一百元的紅包，在公司一看到客人的小孩、同事的小孩，手伸進口袋抓出來就發。然而我畢竟不是總統，沒辦法慷慨到連外頭的路人都給，但是這個進門小禮物，可以讓好多好多人感到快樂。一百元紅包，花的錢不多，大家開開心心又討個吉利，不是很好嗎？

最重要的是，客人一進門就開心，之後買車也好談。汽車業過年也得工作，我便藉著這些小紅包，感謝同仁帶著家人一起加班打拚。

二、中秋禮：就是要不一樣，留下深刻印象

我在第二章提過中秋節送半島酒店奶黃月餅的故事，當時我多留了一盒，給我們家那邊一個打掃媽媽，不只家門口更乾淨了，還意外多賣了一輛車。

這個「坐飛機來的月餅」雖然不便宜，但是從品牌、口味到包裝都夠特別，跟對方收到的開心度、對我留下印象的深刻度比起來，算是有價值了。

像中秋節這種大節日，大家送來送去，各種月餅、文旦多到吃不完，我都開玩笑說，最好把自己送出去的東西做個記號，哪天轉送不知道多少圈又回到自己手上，才認得出來。在這種轉送禮盒滿天飛的趨勢之下，若是收到半島酒店的限量月餅，相信收到的人絕對捨不得再轉出去。吃完以後，連造型特殊的外盒都可以留下來裝東西，每次看到盒子就想到我。

至於送禮名單方面，以最先跳出我腦海的人為主，比方這一年來讓我印象深刻的車主（好客、奧客都有）、堅強的柱仔咖、長期跟我買車的客人等，然

後保留一部分給和我在生活上有互動的人，慰勞他們的辛苦。

三、平常禮：人人都有禮，人人都是VIP

我很常跟同事一起團購，買過芋香米、有機小番茄、台農五十七號地瓜等。一來是為了替朋友捧場，像芋香米是一個朋友家裡種的，經過我的宣傳，辦公室一群人都跟著買；二來是想湊到兩千元的免運費額度，不是出不起運費，而是因為**不該花的錢我絕對不花**，但該花錢的好東西我絕對不吝嗇。比方芋香米我一買就是一百包，有機小番茄也以一百盒為單位，送完了再買一百盒，每次幾大箱、幾大箱送到公司來，同事們都說：「娜姊，你買這麼多是要賑災嗎？」

團購的東西買來以後，我第一個先送同事，大家吃吃喝喝很快樂，感情像家人一樣好，另一些再拿去送客人、送柱仔咖、送親朋好友，想到誰就送誰，不用等到過年過節，平常日就能收到專程送來的特別小禮物，收到的人會有VIP備受禮遇的感覺。

拿有機小番茄來說，我帶去送給客人，對方會好奇：「怎麼帶番茄來？」

我說：「因為我吃了覺得很好吃，馬上就想到你啊！」如果我不說這是跟客人的對話，聽起來是不是就像兩個朋友呢？

帶米送給客人，我會說：「我們家都吃這個，很好吃，我拿一些過來，以後每天來你們家吃飯。」好像我們是鄰居一樣。

另外，像是去企業、社團演講，有人會送我名貴的日本進口草莓禮盒，我帶回家的時候，我媽竟傻傻的說：「這『蘋果』怎麼這麼大顆？」我們家裡吃一點，到總公司開會時，我也分享給停車場警衛大哥，他們說幾乎沒有人這麼做過，他一高興，便主動幫我找車位。

隨時自然分享、創造小小驚喜，花費不但不高，還能讓對方深深記得，我是他的朋友。

看起來不重要的人，其實最重要

跑中小企業的時候，如果十幾個人的公司，一般業務員通常會帶禮物給老闆、祕書，最多加個會計、採購。我不分大小，一定上上下下全送，連工友、守衛、煮飯阿姨都給。他們收到禮物每個都超開心，所以我常常享有「特權」，例如中午放飯前，可以直接去後面廚房先吃個雞腿。

為什麼要送禮物給看起來不重要的人？

第一，我對大家很好，大家也對我很好，我希望我給的東西，所有人都能夠享用得到。第二，有時候可能只是一個工友，平時到處巡來巡去，看到別家汽車業務來拜訪，他便會主動打電話給我：「娜娜，有一個拿汽車目錄的小伙子，現在在老闆房間，你趕快來！」接到這個消息，我會用最快速度趕過去，老闆搞不好目錄、名片都還沒收起來，嘿嘿！換我來幫他收（保證他一輩子都找不到），然後，全部換成我的。

從工友、守衛、煮飯阿姨身上，不只可以問到有沒有別家汽車業務來拜訪這類消息，也可以打聽到公司裡誰剛結婚、生小孩，有沒有誰要換車等，換句話說，他們也是另一種柱仔咖。

四、簡訊禮：用手機巡田水，我常常有想到你

交朋友貴在心意，不一定要花錢，發LINE、發簡訊也是一種禮物，記得常

常要「巡田水」（台語，保持交情和關係），但是要注意時間點、以及要和對方講什麼，像我最排斥的，就是年節時期用 LINE 發拜年簡訊。那個時候大家都在轉罐頭訊息，我自己都覺得膩，怎麼會再發給我的客戶？

很多業務員這樣做，只是因為年節到了，好像大家都這麼做，我也要給客人一個交代，要不然別人都傳了，只有我沒傳，不是就遜掉了？

前面說過要逆向操作，我不見得選在過年時、或在客人生日才傳 LINE，反而會選在平常發給他、想到就發，內容非常單純，比方說：

「今天跟客人聊天，剛好想到你。」

「今天跟一個客人剛好講到你，來跟你問候一下。」

有時候，如果對方一直發訊息過來要聊天，我會回他：「現在在忙，但是我有感受到了，謝謝你！」再加個貼圖，既能維持彼此關係，又不影響雙方的工作。像這樣用手機巡田水，每天利用零星時間就可以做，還不用花錢，是不是很划算？

3 偉大目標拆解了就簡化，可以輕鬆辦到

儘管在外頭交了很多朋友，回到公司之後，還是得面對銷售數字，每個月都要想辦法達成業績。我從小打工就知道要把目標拆解簡化，會更容易實現。這個道理放在做業務也相通，**年度業績很大，拆成十二個月就小一點，然後把每天要做到的分量算一算，心理負擔就小很多。**

拆成每天的分量還有一個好處，就是可以很清楚的了解，自己目前的效率如何、要怎麼改進。以小時候去工廠修布邊的例子來說，目標是三千條，假設我現在一天只能剪一百條，扣掉星期天不上班（以前沒有週休二日，一個星期只有週日放假），要嘛花一個多月慢慢湊，要嘛就要剪更快。想剪得更快又分兩種，一種是手腳動作快一點；還有一種是從方法下手，專注剪單邊、整批剪完再換邊的做法，就比剪一個邊就翻一次更快。

業績目標不能掛天上，要爬個樓梯就到

做業務也一樣，我會把自己前一年做到的數量除以十二，算出月平均，然後**將月目標設定在比平均值高一點**，高個一五%到二〇%左右，好像做得到又好像做不到，但絕對要很努力很努力才能達成。業績目標不用設太高，做不到很容易感到挫折，那樣就更難達成了。

我常比方，要買進口跑車、住帝寶，你總不會出社會第一年就要達成吧？與其每年都讓目標掛在天上，不如實際一點，設一個「爬樓梯就可以做到」的目標，做到了，信心便會大增，更有衝勁挑戰下一個目標。

抓出月目標以後，一個月以三十天算，再把它拆三份，每十天設定一個小目標，對照現在能做到的，看還有哪裡可以提升效率。比方拜訪客戶數、對應客人的話術、柱仔咖的人數、怎麼處理行政流程等，一攤下來不得了，**每件事情都很具體**，很多事情要忙，我每天至少得工作十五個小時。

可是，人不是機器，也需要休息，所以我用了一個兼顧做業務又犒賞自己的方法，我叫它「業績鬧鐘」，請見下一節。

4 我用業績鬧鐘管理銷售進度

菜鳥時代，我用禮物犒賞自己，設定如果這個月賣出五十輛，就要送自己一支萬寶龍（Montblanc）的「簽約筆」。那個時候，大部分業務都是買高仕牌（CROSS）的鋼筆來用，一開始我也有買，當作達成業績目標的禮物，但我更想要頂級的萬寶龍鋼筆，而且不要常見的黑色，要很少見的紅色。

入行第三年，我實現了這個夢想。這支筆後來被客人不小心掉在地板上摔壞了，不過因為非常有紀念價值，加上該款已經絕版，我一直珍藏到現在。

業績有了突破以後，我發現如果**做到小目標就慰勞自己一下，會比熬到做到大業績才犒賞，更有前進的動力**。所以我先從每賣出一輛車，就請自己吃一支麥當勞冰淇淋開始，享受成交後甜蜜蜜的感覺。一段時間之後，我發現自己肚子越來越凸，就把慰勞方式，改成每賣十輛車，就去盲人按摩店狂按四小時，除了卯起來紓壓，又可以幫助盲人朋友，多好。

這麼做還有個好處，一般人都按一小時，我一次四小時，很容易被記住。

按摩師：「阿姊，你筋絡很緊咧。」

我：「我工作很操啊。以後我每賣十輛車，就來你這邊按摩。」

我讓他知道我在賣車，但沒有特別講什Ｔ牌，等到朋友、客人要買車，自然會來問，先不急著強迫推銷自己，這樣大家交朋友才不會有壓力。邊按摩邊聊天，不僅肌肉紓壓，情緒也能得到紓解。

雙方混熟了以後，我會帶長條蛋糕去，現場八個人、十個人、十五個人都沒關係，切厚一點、薄一點而已，大家都分享得到。買個蛋糕只要一點點小錢，快樂卻可以無限大，吃了幾次蛋糕，店裡小姐、師父每個都認識我，每次我一去，他們就知道「哇！你又賣十輛了」。雖然沒有像ＫＴＶ裡面，螢幕秀出「來賓請掌聲鼓勵鼓勵」那樣熱鬧，可是這裡小姐問一聲、那裡師父問一句，就是一種肯定，而且我的業績越好、去的次數越頻繁，就幫助盲人師父收入越多，變成一種正向循環。

進度落後，身邊的人比我還急

有時候我忙到沒時間去按摩，或者業績進度比平常落後，之後再去的時候，師父會跟我說：「姊啊～你這次晚三天喔。」他們會因為有蛋糕吃，開始記得我的到店週期，這也提醒了我自己，賣車的進度千萬不能晚，要趕快再帶蛋糕來跟大家分享。

對一般業務來說，追業績很痛苦，壓力很大，我用這種方法把它變成一種自我激勵的動力。後來，不只我的按摩師，連旁邊的師父也會順口說：「這次好像慢一點喔」、「這次好像早一點囉」，等於我**設了好多個鬧鐘，不斷提醒我、鼓勵我**達成一個又一個小目標。

5 缺業績，大方講但不勉強，一定有人幫

有的人很排斥跟別人講業績目標，覺得好像會變成壓力，或者沒做到很丟臉之類，我完全不會。大大方方跟朋友說自己這個月打算做多少，缺業績也不用不好意思講，因為，有時候對方會願意幫你做業績。

有個老客戶李大哥跟我買過兩輛車，有一天他又來公司看車，車款、價錢、贈品很快就決定，我正準備拿合約給他簽時，他竟然說要再等兩個星期。

我：「李大哥，我們這個月有競賽，條件都談好了，幫我做個業績嘛。」

李大哥：「你業績有做到嗎？」

我：「我業績這麼讚，當然有啊。可是我做到了，我的小組也要做到、我們整個新莊所也要做到，你看，差你一個就差很多！」

李大哥：「那……我下個月再來跟你買。」

我：「現在做競賽，優惠最多了，為什麼要等下個月？如果我下個月就不

做了怎麼辦？」

李大哥：「不會啦，你一定會繼續做的。」

我：「下個月……喔！你是想問農曆七月有沒有比較便宜嗎？我跟你保證優惠不會比較多。你都跟我買過兩輛車了，還不相信我嗎？」

他神祕兮兮的說：「下個月我再告訴你。」

我看他超級堅持，實在也沒辦法說什麼，只好隨他。

兩個星期以後，他真的來了，真奇怪，農曆六月不買，偏偏要挑

▲李大哥超級貼心，堅持等兩個星期再簽約，助我度過農曆七月業績難做的難關。

農曆七月。

李大哥問我：「娜娜，你想知道我上個月為什麼不買嗎？」

我：「當然想啊，為什麼？我怎麼想都想不通。」

李大哥：「因為**七月是小月，你的業績會不好**，所以我專程等這時候才來買，幫你衝業績。」

我聽了真的超感動：「李大哥，超級超級感謝你！」

好麻吉感動交車的喜悅

除此之外，還有許多貼心的小故事。

我們公司有一個「喜悅交車」活動，就是交車的時候，業務員要送客人禮物，讓他帶著快樂的心情把車開回去，對業務員和T牌留下好印象，並介紹更多人來買車。

我碰到的情形比較不一樣，很多客人在交車那天，反而送禮物給我，有養生茶、元氣茶，要給我喝健康；還有一位客人送我粉光參，他聽我講話聲音有點沙啞，特地請中藥房加了珠貝，還打電話來關心有沒有準時吃。

對我來說，這些禮物每一樣都好貼心，代表他們在跟我談車子的過程中真的很開心，把我當朋友。

某年有一次，客戶在端午節前交車，那天我走不開，請同事幫我跑一趟。那個客人家裡在賣粽子，同事完成工作要回公司的時候，對方特地拿了一大串要他帶回去，同事看了好開心，說：「大哥，不好意思啦，讓你送這麼多。」沒想到結果客人竟然回他：「沒有啦，我是要拜託你拿給娜娜。」

同事回來跟我講這件事時，一直懊惱自己回答太快，結果自作多情，好糗！我說我賣人家車，沒送禮物又沒親自去交車，反倒讓人家送了一大串粽子，才覺得不好意思呢！但我知道那位客人把我當朋友，收下來後，我把粽子分給大家，皆大歡喜。

6 階梯式拉高客單價，迅速達成業績目標

一般零售業可能不像賣車這樣，客人久久買一次，一筆就幾十萬元，不過同樣可以明講你這個月在競賽，特別需要業績，**讓所有的客人一起協助你，靠著小單價一階一階逐漸買上去**，總進度就往前跨了一大步。這種利用小單價商品，吸引客人逐步買上去的「階梯式拉高客單法」非常管用。

以女生最常交手的化妝品、保養品櫃姐為例。她們通常都跟客人有一定交情，而女生之間對於借吹風機、借衣服這種互相幫忙的事都很熟，加上保養品每天要用，單價又不高，你只要事先表明自己業績還不夠，基本上大部分人都很樂意幫忙。

如果我是櫃姐，在需要衝業績的時候，會這樣跟客人說：「我們現在週年慶，我還差五萬，你不用一次買五萬，挑些平常用的買三千就好，我等下還有三個客人要來。」

等她挑兩樣東西，很容易就超過三千元，假設她買到三千八百元好了，

這時候我會說：「你再買一千二就可以湊到五千元，我們就多一個贈品。這個贈品很熱門，很多客人用了都說超好用，最近很常缺貨。」講完之後，我會再偷偷塞一個給她，並小聲說：「**這是我先留給你的，不要被隔壁櫃姐的客人看到，不然我不好做人。**」

客人看到你這樣給她優惠，大多都會點頭，隨便挑一挑，又超過五千元，再跟她說：「我們最好的贈品在一萬元，要不要考慮再多買一點？」

透過巧妙引導，人來瘋似的越買越多

這種會從三千元買上來、又拿了五千元贈品的客人，要再買到一萬應該不會太難，每個到櫃上來的客人你都這樣推，以爬樓梯的方式逐漸拉高客單價，等於也幫自己提高總業績。

最後，不管客人買多少，都謝謝她，跟她互加LINE，說下次如果還有這種好康，優先通知她來挑。

如同我在第六章提過的，業務員跟販賣機的不同就在這裡。販賣機只能乖乖把選項放在客人面前，讓他投錢按鍵，不像活生生的業務，可以**引導出客人新的需求**，把三千元的生意做到一萬元，更不用說**主動留資料、做後續追蹤**。

我的化妝台抽屜拉開常常一大堆化妝水，都是被櫃姐引導出來的。你說我會不會記取教訓，下次不要再人來瘋？我的經驗是：當然不會。

因為，這就是人性。

7 把客人當朋友，只對了一半

我很注重交朋友，常常說「朋友越多，機會越大」。把客人當朋友很好，但這樣只對了一半，你得反過來做：**主動結交新朋友，他就有機會變成以後的客人。**

先說我自己對交朋友這件事的心得，跟喉糖廣告講的一樣：天然ㄟ尚好！**放下業務心、拓展生活圈，自然的跟人交朋友**，朋友熟了以後會問：「娜娜你是做什麼的？」我才跟對方說在賣車，但絕不主動講在哪一家，同樣等待他有需要、想了解的時候，再來問我。

總是一個人，才有機會認識更多人

要結交新朋友，首先就是創造交朋友的環境，這就是我說為什麼要「總是一個人」的原因。

我先前去上有氧舞蹈，同事問我跟誰一起去，我說自己去，他問怎麼沒有找朋友？我說：「我的朋友都在裡面等我。」意思是我雖然還不認識任何一個人，但只要去跳個幾次下來，一定有辦法和裡頭的人全變成朋友。**我不隸屬於任何小團體**，這句話背後的意思是，**我可以隨時加入任何一個團體**。

二〇一四年，我受邀主講《商業周刊》的超業講堂，在台北、台中、高雄三個場子，前前後後問了台下總計兩千多位學員：「你是自己一個人來的，請舉手。」結果只有五％左右是一個人，其他都是跟同事或朋友來的。

我知道有很多人是因為公司幫員工報名，希望他們學業務技術才來聽講，所以問了第二個問題：「好，那麼，同事或朋友除外，知道你隔壁那位叫什麼名字、做什麼的人，請舉手。」這更妙了，同樣只有五％舉手。

同公司的人原本就會坐在一起，但座位的另一邊可能是不認識的人。開講前有那麼長的等待時間，雙方卻連一句話都沒講。不論是因為顧著跟同事聊天，或者原本就不習慣主動跟陌生人搭話，我都覺得很可惜，白白錯過了一個認識新朋友的機會。

人一旦有小團體，有時候光是吃個飯，喬時間就弄半天，一下這個沒空、一下那個不想去，然後只要一個不去，另一個就說某某沒去，那我也不去，把簡單的事變超複雜，**因為別人不參加，害自己都沒享樂到，這樣有意義嗎**？吃飯這樣、做事也這樣，有的人甚至感情好到上廁所也要一起，我說的不只是學生，很多人出社會工作多年還是如此。

我是獨生女，以前依賴心也很強，出社會做業務以後慢慢自己練習，久了就習慣了。常常一個人要去哪就去哪、想做什麼就去做，不用遷就別人，心態很自由，很容易就可以跟別人交朋友。像有氧舞蹈班，我本來誰都不認識，先問旁邊同學怎麼跳，休息時跟其他人聊韻律服、聊鞋子，漸漸的一個認識一個，沒多久全班都混熟，真的做到「我的朋友都在裡面等我」的境界。

有氧舞蹈班跳了一段時間之後，我工作太忙時常趕不及上課，影響老師授課進度，之後就比較少去了。可是大家在LINE上面還是保持聯絡，約吃飯的時候都會找我，還幫我辦慶生會。有一次輪到我當「爐主」（聚會召集人），參加人數創新高，大家都很開心，她們說有我在，場子很熱很好玩。

後來機緣巧合，我賣出了幾輛車，但這不是我去跳有氧舞蹈的目的，只是過程中大家喜歡我，覺得相處很愉快，自然發生的結果。

8 不發名片，反而吸引更多人來買

剛開始做業務的時候，我跟很多人一樣常常發名片，覺得名片發越多，就越多人認識我，也越多賣車機會。金氏世界紀錄最會賣車的業務員喬·吉拉德（Joseph Samuel Gerard）非常會用這招，他曾經在球場上，大把大把撒名片打廣告，他說撿到名片的人裡面，只要有一個跟他買車，他印幾萬張名片的錢就回本了。

喬·吉拉德快九十歲了，他當時那樣做，自有他的時空背景，我現在如果學他，效果可能差很多。

公司印名片要花錢，就算一張只要一毛錢也是成本。給出去有效當然很好，最怕就是給了以後，人家轉身順手就丟垃圾桶，有時候經過，看到對方沒丟準，自己的名片掉在垃圾桶旁，路人走來走去踩得上面全是腳印。碰到下雨更慘，整張名片溼溼爛爛的，看了超傷心。

有了大量發名片、效果卻不怎麼樣的慘痛經驗後，這幾年我**很少發名片**，

也不主動跟別人說在賣車，跟人往來純粹交朋友，不給對方壓力。

做朋友的親切感，比交換名片更打動人心

我觀察到**很多人很怕收到業務員名片**，一看到上面印業務主任、業務經理，就會懷疑，你跟他交朋友是不是為了賣東西？有的人收到保險業務員名片，還會不自覺先倒退一步，場面有點尷尬。我常開玩笑說，如果這兩個人都是做保險的，互相給對方名片，會不會像跳霹靂舞那樣，各自倒退離場？

像前一節提到我去跳有氧舞蹈，完全不講自己在賣車、也不發名片，等熟了以後人家問我做什麼，我說在T牌，對方不但沒倒退，反而會往前探問：「哇，你在T牌啊？」等知道我是業務在賣車，她還會主動問在哪裡，若有親戚朋友要買車，一定介紹給我。

受邀演講時也是，我純粹帶著分享的心情去，從不帶名片，如果要在會後交流，現在臉書、LINE很方便，手機打開馬上加入好友，那種**做朋友的親切感，比交換名片好很多**。而且我們看得到彼此的資訊，最近去哪裡玩、參加什

麼活動、拍了什麼美食照片等，不但能讓我更了解這個人，他也更加體會到我是一個值得信賴的朋友。

發名片，動機時常是為了自己要銷售；不發名片，則是為了不給對方壓力，大家自然做朋友。我常常為了要放鬆，到處瞎哈啦，相處起來很輕鬆，可是如果你有一天想買車，會先想到我這個在賣車的好朋友，還是某個正經八百、到處發名片的汽車業務員呢？

9 當品質、價錢差不多，客人就看fu對不對

我在萬華的老家離市場很近，從小常有機會觀察到做生意的眉角。比方兩個菜攤都在賣空心菜，一個一斤賣十元，隔壁另一個賣十二元，結果十二元的生意反而好，為什麼？

因為賣十二元的空心菜品質比較好？我們說一分錢一分貨，嗯，有可能。但是我看他們箱子都一樣，擺在外面的菜，長相也差不多，產品再怎麼有差異，也不可能差到兩塊錢這麼多。不要小看這兩塊錢，換算一下，它等於十塊錢的二〇%。看起來一樣的產品，價差高達二〇%，生意竟然比較好，太奇怪了吧？

告訴你，差在「關係」。

賣十二元那家，跟每個客人都熟到不行，會關心誰家娶媳婦了、告訴客人要去哪裡買棉被比較便宜、過年過節插什麼花才對；家裡剛生小孩的，菜販會提醒，如果肚子脹氣，要吃什麼中藥比較有效、要去哪一家買，報她的名字老

闆會算便宜一點等。**她的攤子在賣菜，可是很少講菜本身怎樣好**，而是跟自己家裡的阿嬤一樣親切，所有大小事都懂，跟她買菜特別開心。

比起來，旁邊那家一直喊一斤十塊、一斤十塊的，好像比較沒fu。要便宜，還有一斤八塊的呢，根本比不完。

通常來說，**品質一樣、價錢在行情之內的商品，客人是否買單，常常靠fu在做決定**。一斤空心菜，十元跟十二元價差不大，當然要跟感覺好的店家買。如果換成別的東西，一個十萬元、一個十一萬元，差一萬元就差很多，客人當然要找便宜的買。

向關係好的店家買菜，還有一個附帶好處，老闆這次送兩根蔥：「我看你袋子裡有買豬肉，這兩根蔥給你，回去看要炒或煮湯都可以。」下次送兩根辣椒：「這個新鮮的辣椒很好，吃吃看。」每次去都有獨家小贈品。

才多兩塊錢，對方不但萬事通，又會送蔥、送辣椒，不跟她買跟誰買？有時候，她還會說：「你這次多買一把啦，不用每天跑來跑去，多累。」客人想想也好就買了，儘管明明第二天有別的東西要買，還是得跑一趟市場，也不會怪老闆雞婆。

參加同學會，也賣出一輛車

有一次我參加高中跨校同學聚會，和以前念書時辦活動認識的成功高中同學們，一起聊天吃飯。大部分人都已成家立業，也有人帶女朋友來，非常熱鬧。其中一位同學家裡生意做很大，台灣、大陸、美國都有工廠，聚會結束後，他邀請我們到自家豪宅去續攤。

豪宅就是不一樣，又大又舒服，不但位在高級地段，光客房都比五星級飯店還豪華，保全設施嚴密就不用講了，最讓人羨慕的是一層樓只住一戶，還有獨立進出的電梯，隱密性超高。現場男生看了之後都互相虧來虧去，以後帶小三、小四來幽會都不用怕了，氣氛超級三八，大家都很開心。

大家很多年沒碰面，其實也不用刻意發名片，重點是在上億豪宅四處參觀，一邊聽別人聊自己近況。過程中，我接了一通客人電話，講到一半剛好被豪宅主人聽到，他後來跟我說：「聽你講電話，就知道你很會賣車，我們家剛好要換一輛三噸半貨車，你再幫我安排一下。」

既然對方都開口了，我便順勢和對方解釋了一下那通電話內容，是講簽約對保的事，因為案子在基隆，有點遠，客人有事走不開，我說錢能解決的都是小事，乾脆讓新到任的同事跑一趟，這樣大家都方便。客人聽了很高興，願意出車馬費，雙方都把時間省下來，新同事平常沒什麼業績，出去跑跑學經驗又賺車馬費，也是賺到，等於三贏。

這位坐擁豪宅的老同學聽我說完，立即表示我工作時氣勢很強，把事情交給我一定會處理得很好。但實際上，我在同學聚會裡，完全不可能有機會發揮銷售技巧，要不是剛好客人打電話來，我那天其實完全不想談工作，偏偏事情就這樣發生了，也算是上天的安排吧？尤其當人**成長到一個階段**，判斷力也越來越精準，**有時候光看一些小地方，就會決定他要把訂單交給誰**。

當價錢已不成問題，他們在乎的就只有：你是不是對的朋友？你是不是能讓他放心？

賣車女王十倍勝的業務絕學

□把成交過的客戶當作朋友，每年光靠回頭客下單，就能有固定的量。

□交朋友不分誰大誰小，買一千元的客人，和買一萬元的客人同樣重要。

□送禮，要送到人家忘不了你；看起來不重要的人，其實最重要。

□把目標拆解並簡化，你會更容易辦到；做到小目標就慰勞自己，會比熬到做到大業績才犒賞，更有前進動力。

□把身邊的人當業績鬧鐘，進度一旦落後，立刻提醒你加快腳步。

□利用階梯式拉高客單法，一步步把消費額往上帶，客人不但不覺被拐，下次照樣甘心掏錢出來。

□總是一個人，才有機會認識更多人；不發名片，放下業務的心態，自然的跟人交朋友，更能打動人心。

第四部

女王下班後的祕密特訓

第8章

面對挫折：「謝謝你挑剔我」心法

1 我不是不怕，但我逼自己上前

「各位有沒有聽過，怕接客人電話的業務員？」企業邀請演講的時候，我在台上只要一問這個問題，所有人馬上笑出來。

我見過不少新進同事，跟客人談了半天，等人家走了以後，我問：「客人有買嗎？」他回：「沒有。」事後最多追蹤拜訪三次就不跑了；換打電話，電話響三聲對方沒接，他就趕快掛掉，好像一接起來炸彈會自動引爆，還鬆了一口氣的跟我說：「娜姊，我跟你講，客人沒接電話。」

為什麼？因為害怕被拒絕，或者應該說，他早就自己拒絕自己了。

我：「你越害怕被拒絕，越害怕接觸客人，以後就什麼都怕。」

他：「客人說他還要再考慮。」

我：「最好是！你覺得客人到營業所是來看電鍋的嗎？他一定是要買車嘛！就算要借廁所，全台灣哪裡沒廁所？還專程開到我們公司來借？對方就是有買車的需求才來，碰到像你怕成這樣的業務員，誰敢跟你買東西？」

一皮天下無難事

做業務就是「不要臉」，講得有氣質一點叫做「一皮天下無難事」（面對什麼事都能厚著臉皮推拖或不做，自然也不會有什麼困難可言），我們可以逆向操作，但不要負面思考。一個業績不好、沒有成就感的業務很容易顯得悲情；當你有好成績，能夠賺到錢，自然走路有風。

如果客人電話打不通，別人打三次就不打，我會卯起來打五十次，一天三餐外加宵夜，每個時段都打。別人害怕的時候，其實我也害怕，但我硬逼著自己上前，再來就換對方害怕了。

但真要說我一直這麼正面積極、勇敢面對，從來都沒有挫折嗎？當然有，而超級業務碰到的挫折，同樣也是超級無敵大。

2 一套腳踏墊，客戶心結兩年

做夢也想不到，我業務生涯至今的最大挫折，竟來自一套不起眼的腳踏墊。

車子從工廠運到經銷商來，會隨車附一套短毛的原廠腳踏墊，平時沒什麼問題，但碰到下雨天比較容易積水，車主如果沒有趕快清理，又碰上連續幾天下雨的話，有時候車子裡會有味道。因此我會另外加送客人一套蜂巢式腳踏墊，因為是橡膠做的，積了水若沒有立刻清理，也不會有異味。

有次我跟一位榮車中心的林大哥談得愉快，差不多快成交時，他問我可不可以多給他一套原廠的腳踏墊，我說我會送更好的橡膠蜂巢式踏墊給他。

林大哥：「我只要那個原廠的，多一套就好，你可以給我嗎？」

我：「那東西是工廠過來的，我們是經銷商，每輛車都只配一套。但是，有一些客人可能不需要，會覺得我送的比較好用，請我直接把原廠的替換掉，如果有碰到這樣的客人，我再送給你。」

他聽了覺得ＯＫ，聽我講解完訂單內容，也就簽約了。

然而，天不從人願，之後好幾天，我都沒碰到委託我替換掉原廠腳踏墊的客人，因此沒辦法多給林大哥一套。

就這樣，到了交車當天。

林大哥：「你不是說要給我兩套原廠腳踏墊？」

我：「明明沒有，不然訂單拿出來看。我是說『如果』有才會送你。」

訂單上白紙黑字，真的沒有這項，事前雙方都確認過，這點我是站得住腳的，然而，**人都會選擇自己想聽的聽**，「如果」兩個字常常自動忽略，這一差就差很多。我堅持沒答應就是沒答應，結果本來應該開心的交車時刻，卻因為一套腳踏墊，變成彼此都不愉快。

我想腳踏墊也沒什麼大不了，就緩和了口氣對林大哥說：「要不然我送你兩套蜂巢式腳踏墊好了，你覺得如何？」

他雖然收下了，但還是一臉不高興。

最後雙方按照訂單一一點交，除了原廠附贈的腳踏墊，以及我另外送他的蜂巢式踏墊之外，我始終沒能多出一套原廠腳踏墊送他。

正因為這一點小小的認知差距，埋下了我兩年後被客訴的導火線。

親自登門道歉，卻被擋在門外

林大哥當時辦了兩年貸款，到期繳清當天，他「非常準時」的打電話到總公司客服專線投訴我，說貸款已經繳完了，怎麼還沒收到出廠證明？同時，又提了一次兩年前，我說要多送他一套原廠腳踏墊、結果沒給的事。

客訴是很重大的事情，更何況還一次兩件，對從小就要求自己樣樣滿分的我來說，簡直是一大侮辱。

客服中心把消息轉來新莊所之後，我立刻被主管約談，我堅持：一，訂單上並沒有寫要多送對方腳踏墊這項，既然沒寫就是沒有。二，當初是說「如果」有別的客人不需要原廠踏墊，我才會拿來送他，所以，不送就是不送！

主管勸我息事寧人，一套才一千多元，不如現在想辦法補送給他。我說我並不是在計較錢多錢少，而是原則問題，明明沒有答應的事情，為什麼要誣賴我說有？

然而，賭氣也沒用，後來在公司要求下，我只能很委屈的接受主管意見，乖乖補送一套原廠腳踏墊給林大哥。

解決了腳踏墊的問題，出廠證明就簡單多了，請助理調出來就有。我之所以兩年前沒給林大哥出廠證明，是因為交車那天我們一直在爭腳踏墊的事，所以忘記了。我想專程跑一趟跟林大哥說明，於是特地買了日本進口的蘋果禮盒，連同出廠證明，還有他最在意的原廠腳踏墊，大包小包的到了林大哥家。

按了電鈴，他出來應門，但門只開了一半。

我：「林大哥，你好，我是娜娜。」

林大哥：「嗯。」

我邊放下手上的東西，邊說：「大哥，不好意思，我送出廠證明來，方便進去坐一下嗎？」我伸手想跟他握一下，希望能表達善意。

林大哥立刻把我的手撥開，毫不留情的說：「出廠證明拿來就好，你不用進來！」

看他情緒很不好，我連忙送上水果禮盒：「這水果，一點小意思。」

林大哥：「你拿回去，我不要！」

我：「大哥，我今天專程來，不是只送出廠證明的，中間這兩年我也想過，我覺得我自己也錯了。」

我看他眼神還是冷冰冰的，大概以為我在騙他。

我：「我當初覺得這個腳踏墊根本沒什麼，但是我後來仔細想想，如果這東西真的不重要，為什麼你會一直跟我要？我認為我的錯不在答應你卻沒送，而是**我完全沒有體諒，你當初為什麼那麼想要這個腳踏墊**。」

我遞上原廠腳踏墊的提袋，繼續說：「我上次送你兩套蜂巢式踏墊，但我想一定不是你真正要的；現在送給你原廠的，你不見得要收下，但我希望讓你記得，我就是要給你，因為我曾經答應你。」

林大哥表情沒像剛才這麼冰冷了，他嘆了口氣，說：

「我又不是第一天開車，怎麼會不知道蜂巢式的比較好用，是因為我老婆的關係。她對橡膠味過敏，我又愛乾淨，容不下車子裡有一點髒，所以才跟你要兩套，可以常常換。我們家只有我們夫妻兩個人，沒有小孩，我一個老兵，她還願意從大陸過來跟著我，唉……。」

聽到這裡，我眼淚都快流下來，本來以為他是冷酷無情又愛計較的奧客，原來是個疼老婆的好男人。

我：「大哥，對不起。我……可以跟你握一下手嗎？」

他終於願意伸出手，還說：「事情過了就算了，沒關係啦。」

林大哥的手掌又大、又厚、又溫暖，跟一開始冷冰冰的樣子完全不同。

我再次遞上蘋果禮盒：「大哥，這個水果……。」

林大哥：「我們家只有兩個人，年紀大了咬不動，不用客氣啦，你拿回去分給同事。真的謝謝你。」

沒有必要的堅持，一定要放棄

這句「謝謝你」化解了兩年來的心結，不只他的，還有我的。因為這件事，我看待很多事情的觀點有了變化，比方對於「堅持」的看法。

跑客戶遇到挫折，當然要堅持再堅持，但是碰到**客人有特殊情緒反應時，要先找出他的原因在哪**。就像林大哥一樣，他並不是硬拗贈品的人，否則為什麼不要更多、更貴的東西，只要一套很多車主都要替換掉的原廠腳踏墊？如果我可以早一點了解他太太對橡膠過敏，就算交車當下沒有貨，事後有了我也會專程送去。

對於客戶情緒，有時候我們沒有必要的堅持，一定要放棄。

3 「謝謝你挑剔我」的高ＥＱ心法

經過林大哥的腳踏墊事件以後，我最大的改變就是ＥＱ（情緒商數）往上連跳好幾級。

以前，要是談了半天沒成交，我跟人部分業務員一樣，也會擺很久的臭臉；經過了腳踏墊事件，談了沒成交，我還是笑臉迎人，同事們看不出來，問我成交了沒，我都說：「明天他來就買了。」不會把上一個案子沒談成的情緒，帶到下一位客人身上。面對每一組客人，我都帶著喜悅的心情重新開始，這樣的改變，讓我的成交率提高了不少。

其次，是更有耐心聽客人講話，面對拗贈品這類事情，在情緒上更沉穩。

再來是技術方面，我也有很大的進步。就像前面提過的，業務員要找出客人為什麼不跟你買的原因，然後一一解決，讓自己從挫折裡進步；對客戶關係也是，腳踏墊事件是已經成交了，卻引起後來客訴的重要案例，所以也要找出原因逐一化解，不讓它再發生。

大部分的人**寧願花三小時抱怨挫折，卻只願意花三分鐘改善自己**。超級業務員要顛倒過來，大家都是人，要說完全不在意太矯情，但是，感受挫折花三分鐘就好，更要花三小時感謝挫折，因為這個機緣才能讓自己變得更好。

以下是我「謝謝你挑剔我」的心法總整理：

一、將心比心，站在對方立場想事情

這件事說起來容易，做起來卻很難，這很像男女朋友交往，常常一方覺得我已經給你很多很多、把最好的全都給你了，另一方卻不滿足，或是覺得那些根本不是自己想要的。

認為橡膠的蜂巢式腳踏墊比較好，是「我」的角度，林大哥雖然知道，卻又站在太太過敏的立場，並考慮自己愛乾淨的習慣，才得出這個結論，寧願要兩套原廠替換，也不要多拿一套蜂巢式，比我更貼心，我應該向他學習。

二、不要屈服，想辦法圓滿解決問題，讓客人開心

帶著不甘情緒做的事，通常也帶有負面磁場，當時我沒有站在林大哥角度思考，無法理解他怎麼會要原廠踏墊，而不要蜂巢式的，更自以為是的覺得多送一套蜂巢式就可以了。儘管我心裡屈服，但完全無法體會他的需求，所以才造成日後被客訴、又跟主管吵架、被要求登門道歉等一連串的不順。這一切的源頭，全在於我沒有用「怎麼做，事情會更圓滿」的心態來對待客戶。

三、先處理心情，再處理事情

碰到客訴，不管證據再充分、事情再清楚，都要**先整理自己的情緒**，自己的情緒穩定了，**才有辦法好好跟客人溝通**，進一步去處理他的情緒。這個道理很多人都聽過，卻以為是要先處理「客人的情緒」，往往講不到幾句就又吵起來。其實，如果我們能先把自己搞定，客人一定會感受到。

四、凡事沒有「如果」，不確定的東西不要輕易答應

不要給沒辦法立刻兌現的承諾，包括對家人、主管、朋友、客戶都是。在講話方面，更要避免「如果」這樣的字眼，才不會發生雙方認知有落差的狀況。人跟人常常因為一句話產生誤會，心結一卡就是好幾年，有的甚至一輩子不往來，實在不值得。

以林大哥這個案子來說，要不是我專程跑一趟解開了心結，別說兩年，可能二十年都還是僵在那裡，他不只心裡面討厭，還會到處跟別人講，問題就更嚴重了。**發生誤會光是怪別人沒有用，要從注意自己講話做起。**

五、當下不隨便承諾，等東西到手再專程送去，創造驚喜

客人開口要，就表示他喜歡，再不然就是有需求，也就是這個東西對他很重要，我們儘管當下沒有承諾要給，私底下偷偷記下來，等到有辦法的時候再通知他，是不是創造更好的驚喜？

當時雖然一直到交車那天，我都沒碰到有客人要替換掉原廠腳踏墊，但假設我先前不是跟林大哥說：「如果我有就拿來送。」而是明白的告訴他真的沒辦法，私下等到哪天手邊有貨的時候再通知他：「林大哥，我有特別記住你要的腳踏墊，最近剛好有一個客人要替換掉，我拿來借花獻佛，看你什麼時候有空，我們碰個面拿給你好嗎？」不只留下好印象，還可能有機會接觸到他的朋友，透過他的口碑，順帶多賣一輛車。

六、客戶已經簽了約又來拗贈品，得先評估他的需求

拗贈品這類狀況，對業務員來說很兩難，甚至還有客人付款付到一個程度，突然回頭來跟你拗。這個時候我會跟客人說：「我們的契約上沒有，不過你先聽我講完。」和他在情緒平穩的狀態下溝通：「我賣到這個程度，其實只賺一點工錢，但我覺得你是好客人，值得交個朋友，所以，我答應你。」

這樣說並不是他來要什麼我都送，還要搭配客人的特質以及他到底要什麼贈品，全部放在一起評估。我會從一路談下來的感覺，判斷這個客人的個性和需求，如果要的東西在能力負擔之內，我就會答應給他。

七、簽約當下，完整仔細對客戶說明契約內容

這件事本來就要做，不過對於少部分特別喜歡拗贈品的客人，要特別說明：「以上這些贈品是我全部能給的，接下來如果還有其他需求，公司這邊可以提供優惠價。」**把預防再被拗下去的界線劃出來**，讓客人明白：我不會透過賣周邊商品來賺你的錢，所以也請你不要讓我再繼續虧錢了。

假設情境重演怎麼辦？會不會又有客人死命就是要某一樣東西？

我會像第六點說的那樣，先評估之後再送他，但是表達方式會修正，比方說：「**這是最後一項贈品了**，因為你是朋友才送的，不是為了這張契約。」

這樣講等於是**告訴客戶底限所在**，用另一個方式跟他說：「請不要再跟我拗東西了。」如果他之後又來要，可以直說：「都說是因為朋友才送的，你現在又來拗，**有人這樣對待朋友的嗎？**」、「這個東西，公司的公定價是○○○○元，要不然這樣，不如我請客，把這個錢拿去公司對面的餐廳點東西吃，更爽快！」

八、禮多人不怪，氣先消一半

不管對方有多不爽，你還是要約他見面。俗話說「見面三分情」，對方火氣再大，看你專程提個禮物過來，光是這個動作，一定能讓他感受到誠意，氣就先消一半。

記得買個好一點的禮物，如果不是很了解他特別喜歡什麼，可以買他們一家大小或者公司同事都能分享的，像水果禮盒就不錯。退一百步來說，就算對方實在不收，我帶回公司也好處理。

九、用肢體語言表達善意，耐心等對方回應

肢體語言不只是溝通方式之一，也可以藉此了解，對方是不是願意接納你，比方握手，既能表達善意又保持禮貌，是比較溫和的方法。如果被拒也別氣餒，像我一開始手被林大哥撥開，改為遞上蘋果禮盒，也是另一種肢體語言，雖然又被拒絕，但是只要帶著誠心，多做幾次總會被接受。

人在氣頭上，就像滾燙冒煙的開水一樣，不要期待他一下子就會降溫，遞上禮物、透過肢體語言表達善意，搭配口頭道歉，就能一步步讓對方情緒回穩，知道我們真的有誠意。

十、情緒、關係、時間比錢更貴重

我在第一時間沒處理好腳踏墊事件，因此後面牽連了別的客人以及主管對我的觀感，甚至我自己的情緒也陷入低潮，這些傷害彼此關係的狀況，都得在之後花上加倍的時間和心力才能修補。像情緒、關係、時間等看不見的成本，可能比買十套、二十套腳踏墊還貴，務必謹慎處理。

打臉客人並不難，但對你沒好處

處理客訴只有兩條原則：

第一條：客人永遠是對的。

第二條：客人如果錯了，請回頭看第一條。

現在用手機就可以錄音、錄影；上網查法律資料，什麼案例都有，有消費爭議，要打臉客人其實並不難。是不是要那麼做，我們尊重個人意見，不過業務員自己的尺度要拿捏好，不管銷售過程的前端發生過什麼，都要**讓客人在收尾的時候開心**，像林大哥這樣，能在最後向我道謝，不是很好嗎？

話說回來，與其發生誤會再來解釋，不如利用前面提到的十種心法提前預防，我逐項整理的用意，就是為了降低錯誤再發生的機率。

碰到客訴，再提醒各位一次：情緒、關係、時間比錢更貴重，這是我學到最寶貴的經驗。

賣車女王十倍勝的業務絕學

□碰到客人有特殊情緒反應時，要先找出原因在哪；業務要比客人懂事，沒必要的堅持，一定要放棄。

□別和憤怒的客人硬碰硬，適時透過肢體語言表達善意，搭配口頭道歉，就能一步步讓對方情緒回穩。

□感受挫折只需三分鐘，感謝挫折要花三小時，正因為有這個機緣，才能讓自己更好。

□碰到客訴，不管證據再充分、事情再清楚，都要先整理自己的情緒，才有辦法好好跟客人溝通。

第9章

特訓：練膽講話

1 陌生開發，從和路人攀談開始

前面提過，我從小就是閉俗宅女，被要求對人有禮貌、主動跟鄰居問好是一回事，但在其他場合與人交際，又是另一回事。

念書的時候，我頂多跟幾個比較熟的同學私底下打打鬧鬧，碰到要公開講話的場合，我就開始結巴。因此儘管我學期成績常得第一，卻從來沒有當過班長、副班長，這類要管理班級的幹部，最多只做過衛生股長，更不用說和陌生人講話。沒想到長大成人之後，我竟然會當業務，不但跟誰都能聊個沒完，還做得有聲有色，和小時候簡直判若兩人。

回想起來，我人生的轉捩點，是在念高中的時候。有一天我在學校附近重慶南路的書局，無意間翻到一本書，書名我已經完全忘記，不過我清楚記得內容講到「人可以經過訓練而轉變」，當你想要什麼、需要什麼的時候，可以透過自我要求和反覆訓練來實現。

「真的嗎？」我有點半信半疑，但又躍躍欲試，很想親自檢驗書裡講的對或不對。為此，我開始思考自己最想改變的部分在哪裡？最後我決定先從最困難的點開始突破——鼓起勇氣和陌生人講話。

打開心防向人搭訕，被當神經病也沒關係

那年頭還沒有捷運，我想既然要練，就練個徹底，踏出第一步就要夠猛。光是在學校裡找不認識的同學練習講話，那很遜，看不出效果，我乾脆在通學的公車上練習。

照理說，我從家裡到學校要搭一八路的公車，可是班次太少，我又很討厭等車；往公館方向的公車，像二五一路、二五二路、二五三路班次很密集，我就先跳上去坐到公館，然後再轉一次車，雖然路線乍看繞一大圈，實際上卻因為不必白白浪費時間等車，反而較快。幾次測試下來，我確定這樣轉車，比搭直達的一八路更早回到家。

剛開始我還不敢跟陌生人講話，頂多跟同路的同班同學聊天。這段路程漫長，沿途人多、店家也熱鬧，在車上東看西看，很多話題可聊，算是成功踏出

一小步。

但同班同學不可能每天跟我一起上下學，日子久了，常常一起搭這條路線的人多少有點面善，我開始找跟我同年齡的高中生攀談。不管男生女生，學生嘛，大家書包上總有些裝飾品，再不然用奇異筆塗鴉，我鼓起勇氣，從「你這個徽章很特別耶，哪裡買的？」這個點切入，再問他要到哪裡、學校附近哪裡好吃好玩、參加什麼社團之類，沒有目的隨便聊，聊到其中一方下車為止。

一、兩個月下來，我發現和陌生人聊天其實不難，重點在於，你敢不敢打開自己的心防。一旦你先踏出一步，別人一定也會覺得自在，因此大部分人都很樂意和我聊天。至於那些不願意聊的，就算被他覺得我是神經病也沒關係，再找下一個就好，**他怎麼想是他的事，反正學到了就是我的**。

這個經驗對我在人際關係上有很大影響，宅女到了高中居然敢舉辦跨校活動，第七章提到找我買貨車的豪宅主人，最早就是高中跨校辦活動認識的，最後我跟他們那一票男生都熟，有學長學弟原本互不認識，卻因為我居中牽線而成為朋友。這些人現在大多都混得不錯，常常打高爾夫、約吃飯，就算還沒跟我買車，也幫忙傳了不少口碑。

學生時代玩在一起的朋友，出了社會以後際遇各自不同，**會念書不代表有成就**，這種例子相信大家都看多了，然而，和過去的老同學保持良好關係，總會在想像不到的時候拉你一把。

一張公車月票，我半個月就用完

膽子這種東西是這樣的，你越不用就越縮小，越敢用就越大。跟同齡的學生攀談成功以後，我開始嘗試跟大人聊天，發覺也還ＯＫ，沒有想像中困難。背名牌包包的上班族小姐，通常希望人家注意她，我就先稱讚她的包包好漂亮，在哪裡買的？然後稱讚她好像雜誌上的模特兒，請教她穿搭的訣竅。這樣一來，除了練膽子，我還多知道幾個名牌、學一點穿搭觀念。碰到上班族男生，就問手錶、西裝、公事包，順便多了解熟男在想些什麼。

接下來，不只搭公車，走在路上看到手上抱狗的太太，老公跟在後面，一定是狗比人受寵。我會先說狗狗好可愛喲，什麼品種啊？幾歲了？男生還女生？隨意聊聊，走到綠燈亮起過完馬路就自然結束。

現在想起來，那個年代沒這麼多詐騙，人跟人之間還算單純，加上我又穿制服，一副呆呆的學生樣，可以毫無顧忌的偷偷練功。一年下來，不論是公開講話也好，跟陌生人攀談也罷，對我來說已經沒有障礙，真的做到那本書上說的「人可以經過訓練而轉變」。

許多年以後我做了業務，才知道**原來這就是陌生開發**（簡稱「陌開」），哇，高中就練會了陌開，滿酷的！

唯一要說有什麼麻煩，就是我媽老問我為什麼月票用這麼快，一個月上學才二十幾天，一天剪兩格，六十格絕對夠用，怎麼我半個月就用完了？我沒跟她講練膽子的事，都說：「同學忘記帶，借同學剪的啦。」其實是因為我每天都繞遠路搭車，一張月票當然不夠用。

也幸好我的聊天技術練得不錯，現在做業務都派上用場了，當時每個月多剪月票的錢，N年前就回本啦！

2 排隊買蔥油餅也能聊，串聯陌生人就不無聊

隨時跟人聊天這件事，我在學生時代就把它當一門功課在練習，習慣之後，已經變成自然反應，看到身邊有不認識的人，我都會本能的去跟他聊幾句，連受邀到外面演講時也不例外。

我在任何場合都不把自己當作高高在上的老師，而是來交朋友，分享一些業務經驗，所以我不會乖乖坐前排正中央的講師席，而是哪裡有空位就坐哪，旁邊碰到是誰就跟誰聊天。

到企業主持內部訓練就更鮮了，跟平常在公司上班一樣，我通常會比預定時間早半小時左右到場。有次演講在晚上，該公司的同仁從外面趕回來，買了食物先在會議室墊肚子。我剛好還沒吃晚餐，就過去跟他們分個肉圓，邊吃邊聊，順道了解還有誰會來、銷售單位分布在哪些地方、以前找過誰來講、今天想聽什麼等。

表現無知，用問題攏絡更多人

有次我假日出去玩，在宜蘭羅東排個蔥油餅，也能跟不認識的人攀談聊天，而且前後串聯，弄到最後大家不認識的都認識了。

我是這樣破冰的：「大哥，這個你吃過嗎？」

對方如果吃過，我會問：「這東西好吃在哪？大概要排多久？」

根據經驗，這種觀光客多的場合，對方通常會回「沒吃過」，我就跟他說：「這麼巧，我也沒有。你是看前面排很多人，還是看網路推薦？」不等他回答，我自己先說：「我是看前面排很多人，好像真的很讚耶。我也沒吃過，不然我們問一下前面那個大姐好不好吃？」

我就再去跟前面大姐說：「大姐，你有沒有吃過這家？我們都沒吃過，看排成這樣，想說問你一下。」

無論大姐回有或沒有，按照前面講的流程再走一次，幾輪下來，就可以拉進前前後後很多人。大部分觀光客都是吃好奇的，很少有人是吃過再回來的，碰上這樣的回頭客，就讓他當小老師多講一點。

然而，蔥油餅只是破冰點，人跟人之間還有別的可聊，比方聊身上的手錶、衣服、鞋子、包包，附近還有哪裡好吃好玩、今晚住哪裡，都是話題。

這樣做有三個目的：

一、練習串聯陌生人，這是練膽講話的最高境界，跟一對一截然不同。串聯陌生人都敢了，串聯熟人一起做事，是不是更駕輕就熟？就像我前面提過的有氧舞蹈班，儘管因為太忙，之後都沒去上課，但因為和大家早就是朋友，只要是我主辦的活動，人數都屢創新高，這就是平常有在串聯的結果。

二、和陌生人聊天可以吸收新資訊，有時候會意外知道哪裡好吃好玩，或者有便宜又好的民宿，不但實用，之後哪天跟客戶聊到這個話題，又多了情報可以分享。

三、充分利用零碎時間，打發排隊的無聊。

俗話說一皮天下無難事，膽子練大，不只做業務時管用，跟任何類型的客人都能侃侃而談，日常生活也會比別人多了很多好處，請見下一節。

3 待人平常要多花時間，緊急時省很多時間

我的西裝、裙子，這幾年都是在中山北路上的格蘭西服做的。最早和它結緣，是因為一個正式場合需要西裝，卻一直找不到西裝師父，由於時間很趕，正著急的時候，我們隔壁 LEXUS 的同事知道了，跑來跟我說：「格蘭西服好像有在做手工的，我剛好也要做，要不然我們一起去問問看。」

我去的那天老闆不在，由師父幫我量尺寸，量好後他問我要哪一種現成款式，有兩、三種可選，我說我不要制式，手工的才特殊，跟別人不一樣。師父說設計款要看老闆有沒有時間，可能要再安排，我說好，就拍了照片、留下聯絡資料，請師父轉達，我來格蘭就是聽同事說手工西裝做得好，因此慕名而來，希望老闆能幫個忙。

兩天後，我接到一通電話。

對方：「陳小姐你好，我是格蘭西服陳和平。」

我：「陳老闆，聽說你很忙，都沒有空耶！」

老闆：「不好意思，前兩天我有事出去，師父有給我看過你的照片了，我知道你喔。」

我：「你怎麼知道？」

老闆：「我看店裡拍的照片，覺得很面熟，跟別人不一樣，我上網搜了一下，你是報紙上寫的賣車女王嘛。我最喜歡幫第一名做東西了，因為第一名的客人要的就是不一樣，讓你穿上去，也會有更多人看到我的手藝呀！」

聊開以後我才知道，他認同我還有一個地方，就是我們同樣白手起家，靠自己努力成功的，他對這種人特別親切。

老闆幫很多名人做過西裝，手藝好、人脈廣可想而知，能被他認同我覺得很高興。老闆親自出手的設計款，價錢相當高昂，一套西裝原價四、五萬，談得開心，他特別給我七折。每個環節都可以選擇喜好的樣式，且全部手工縫製，穿起來舒服、看起來有精神，出席正式場合得到無數好評，所以我一試成主顧，後來只要做衣服就到格蘭。

訂做裙子，別人要等三十天，我五天就拿到

我在格蘭的西服越做越多，熟到有時候去店裡，碰到別的客人來做衣服，我也幫著一起講，跟老闆一搭一唱即席演出，場面很熱鬧。因為都姓陳，我又這麼積極，有的人還以為我是老闆親戚，到最後連師父們也都知道我了。

有天我想做一件兩片裙，又跑去格蘭，很快量好尺寸、定了款式，問什麼時候會好，老闆說要三個星期。我的個性比較急，買任何東西都想馬上拿到，三個星期對我來說實在太久，我堅持這幾天內就要。老闆說最近接到企業制服大單，師父們都在趕工，實在有困難。

我：「可是我好想趕快拿到喔。」

老闆：「師父那邊最近趕工趕到昏天暗地，沒辦法啦。」

我知道師父都在後面工作，就問老闆：「我去跟他們講講看，可以嗎？」

老闆：「可以啊，你講得動就隨你。」

我：「好，我去上個廁所。」找個藉口後，我走到裡面跟師父們搏感情。

我一走進去就稱讚他們，說我當初第一次來，師父幫我量身形、尺寸，又快又準，穿了特別款後果然受到稱讚，好多人問我這麼挺拔有精神的衣服哪裡做的，我都說格蘭師父超級讚。一路瞎扯亂聊，講得大家都好開心，師父終於開口：「好啦，十天做好給你。」

他們把訂單拿出來，說：「你看，數量這麼多，要趕工一個星期才做得完，我再趕緊接你的做。」

我：「可以這個星期嗎？拜託，喔！我超想星期四就拿到，星期五穿出去給別人看到這麼漂亮的裙子。我會跟人家說格蘭的師父都『拿～～麼』好。」

我撒了一點嬌，把「那麼」講成拉長音的「拿～～麼」，搭配一雙水汪汪的眼睛看著師父，他們沒輒了：「好啦好啦，我們加班幫你趕啦。」

「上完廁所」後，我走回前面跟老闆說：「ＯＫ了，我星期五來試穿。」

老闆：「星期五！真的假的，怎麼可能？」

我：「你不相信吧？只有我自己信。」

人脈什麼時候要用到，只有天知道

按照他們家一般流程，訂做衣服本來要三十天，我是熟客才有辦法提前到三個星期。秉持著一皮天下無難事的精神去搏感情後，提前到十天還不夠，最後縮短到只要五天，更是不可能的任務，但是我辦到了。我跟老闆開玩笑說，改天跟師父有什麼事情很難喬的，儘管找我來替他溝通。

通常客人再急也只會跟老闆講，不會找師父，更不用提會主動去謝謝師父，而老闆雖然想幫我，但是企業單真的太急，不能給已經在趕工的師父壓力，三方都很為難。我去找師父也**不是拿老闆壓人，純粹去哈啦**，強調我很體諒他們的辛苦，東牽西扯炒熱氣氛，又不斷稱讚。

更重要的是，我塑造的氣氛，**讓他們覺得是在幫一個朋友做衣服**，這個朋友想趕快穿出去給別人看，讓人家看見這條作工精細的作品，所以他們做起來fu就不一樣，品質也會更講究。

跟前面講的一樣，人脈這種東西什麼時候要用到，只有天知道，所以平常就要用心經營，串聯各種人。老闆也好、師父也好、有氧舞蹈班同學也好，不僅對銷售業務有幫助，很多地方都能享受便利。

像我們賣了車以後，還要排單調車、裝配、運送，走完一大堆程序後，車子才送來營業所。每個環節從主管到組員，甚至運車的司機大哥都很重要。有時候前端才差個一小時，後端就會弄到晚一天交車，我偶爾有機會過去工廠拜訪，一定每個人都有飲料，還會跟他們聊天，沒有職位高低分別，他們快樂我也快樂，訂單再滿都能準時交車，跟我買車的客人自然滿意。

4 犀利的寬厚：留餘地，到處有人感謝你

膽子大、敢跟陌生人講話，不只對自己有好處，拿來幫助不認識的人也非常好用。

在寫這本書的過程裡，我常和本書的撰文者文華約去某家咖啡店談，這家店旁邊就有一個停車場，取車時不用擔心走太遠，非常方便。我們常常一談就到晚上十點，直到店家打烊才散會。

有一次，也是晚上十點過後，我們從咖啡店走去停車場準備取車。先說明一下這裡的出場流程：取車前，車主要先在投幣機付錢，之後機器會吐出一枚感應幣，出場時把該幣投入柵欄前的機器裡，柵欄便會上升（有點像用單程票搭捷運）。我和文華付完錢、拿到感應幣，轉身要去取車時，遠遠看到一個阿伯不知道在急什麼，車子一發動就急著要開出去。

只見阿伯把車開到柵欄前，在那邊東摸西摸，卻一直找不到感應幣的投幣孔，出不去。原來他搞錯方向，錯把入口當出口，當然不得其「孔」而入。

我走過去敲敲他的車窗，指了出口方向輕聲跟他說：「阿伯，出口在那邊。這裡是入口，沒辦法出去喔。」

阿伯的表情有點尷尬，臉上清楚寫著：竟然被發現了，糗大了。

我於是再補一句：「厚！我上次來也是開到這裡，找不到出口，這裡真的很容易認錯。」

阿伯這才笑了出來：「對啦，這個路線是有點不好認。謝謝啦、謝謝。」

說完後，他連忙倒車調頭，順利開出去了。

站在一旁的文華問我：「你真的有走錯過嗎？」

我笑著看看他，不回答。他想了一下，突然醒悟過來：「喔，我懂了。」

主動替人化解尷尬，自己也快樂

不論做人或做事，我向來秉持犀利但寬厚的作風。其實有沒有補上一句「我上次來也走錯」，阿伯都一樣能找到出口，但差就差在**不要讓他覺得尷尬，帶著這個不舒服的情緒回家**。這種日常中的小狀況，我們若能化解就替人家化解，隨時隨地帶著善念幫助別人，不是很快樂嗎？

這是一件很小很小的事，放在這裡當作本章的結尾，是要告訴大家，一切都是自然。培養人脈是自然、幫助別人是自然、體貼客人也是自然，想通了這個道理，不需要刻意逼自己練膽講話，以愛為出發點，你講出來的話都會是善良、好聽的，如此一來，別人自然喜歡你、願意跟你做朋友。

賣車女王十倍勝的業務絕學

- □打開心防向人搭訕，被當神經病也沒關係，告訴自己：別人怎麼想是他的事，反正學到了就是我的。
- □和陌生人聊天時，可以刻意表現無知，用問題找話題，除了得到更多情報，還能充分利用零碎時間。
- □人脈這種東西什麼時候要用到，只有天知道，平常就要用心經營，串聯各種人，不僅對銷售業務好，很多地方都能享受便利。
- □做人做事留點餘地，主動替人化解尷尬，到處有人感謝你。

第10章

特訓：保持體態

1 做業務的第一天，先去把衣服改緊

做業務，不只賣專業、賣口才，更賣形象。

長相好不好看，是爸爸媽媽先天給的；樣子有沒有人緣、客人能不能信任我們，則可以靠後天經營，從髮型、化妝到笑容、氣色，都要注意。

另外，我偏好穿合身的衣服，除了看起來比較有精神之外，只要胖上一丁點，立刻有感覺，馬上調整飲食、勤做運動，不讓自己鬆懈下來。

所以每當有新同事來，我第一件事，就是叫他到公司後面找阿姨改衣服，報我的名字只要一百元，如果改短袖子加整體改得合身一點，也只要兩百元。而且衣服一定要每天燙，跟當兵一樣，顯得有紀律；若是襯衫沒燙、皺巴巴的，看到這個人就想到棉被，懶懶散散，還不如回家睡覺。

襯衫不想自己燙沒關係，那就想辦法多賺一點獎金，花錢請別人燙，**拿錢買別人的時間，然後用自己多出來的時間去賺錢，也是很有效率的做法。**

我對時間價值的觀念是這樣的：**沒有能力的時候，用時間換錢；有了能力**

以後，用錢換時間。我們現在所有的努力，都是在累積購買時間的能力，要善用身邊每一分資源，讓自己不斷升級，但只有一件事要往下，那就是體重。

體態靠紀律：早晚一百五十個仰臥起坐

記得二〇一四年二月，我第一次被媒體報導，看到《蘋果日報》頭版標題寫著「主婦變身賣車女王」，害我偷偷傷心了好幾天，頻頻詢問同事，我真的有飄「嬸味」嗎？他們竟然都說有。那一陣子，偶爾有些電視節目邀約，我去電視台錄影的時候，不曉得是不是看起來像媽媽，工作人員幾乎不大來招呼。

有天晚上我洗澡前，看著鏡子裡面的自己：頂著QQ頭，稍微肉肉的身材，暗自下定決心，一定要瘦下來，絕對要讓人刮目相看。

我沒有節食、沒上健身房、更沒吃減肥藥，那些都不持久，而且萬一復胖，通常是連本帶利的胖回來。我只專心做一件事：每天早晚做仰臥起坐。

我高中時期參加過田徑隊，雖然老早荒廢了，但有點底子應該不難。擬定策略和方法以後，我先從一次三十個做起，媽呀，真是超痛的！但紀律就是紀律，不管前一天多忙、多累，或者飯局多晚，甚至肌肉痠痛還沒消除，每天清晨，我都準時五點五十分起床，堅持做完三十個仰臥起坐。做到有一天不痛了，我再往上加二十個，也就是一次五十個，然後又痛、再持續做，做到不痛，發覺有瘦之後，我就左邊、右邊各加十個，把側腹肌肉也練起來。就這樣慢慢推進，從最早做三十個都快往生，到五十個、七十個、一百個、一百五十個，運動量超級大。

飲食方面，我沒有忌口，三餐正常，只有**澱粉類減少為原本一半的量**，其他沒有特別控制，從排骨飯到漢堡我都吃。下午同事叫飲料、炸雞、薯條、餅乾、零食這些我也吃，但只是簡單嘗個味道，吃少一點。

兩個月下來，我瘦了差不多兩、三公斤，效果很好，於是我晚上回家再做一輪，一樣三十個、五十個、七十個逐漸加上去，不論練正面或側腹都做，直到每天早晚一百五十個，也就是**一天下來，一共做三百個仰臥起坐**。

別忘了我每天早上五點五十分起床，七點五十分前到公司打卡，要開會、談案子、跑客戶、帶新人、交車，平均工作至少十五小時，比當兵還操。

整套流程連續做了三、四個月，我總共瘦了五公斤，這數字並不神奇，不過因為純粹靠運動，飲食除了少吃澱粉外一切正常，整個人看起來很緊實，搭配新剪的俐落髮型、改了更合身的制服，感覺滿好的。

不久前有一款車小改款上市，總公司和泰汽車說我賣得最多，指派我接受電視採訪。這次媒體對我的形容變成了「一頭犀利的短髮，顯得俏麗」，再也沒有「主婦」這個詞出現，我就知道不一樣了。一些老客人也跟我說：「你最近看起來不一樣喔。」

說起來，要感謝當初報紙的記者跟編輯，讓我有超強動力改變形象，而我也真的做到了。

▲ 我厲行瘦身前的模樣，每次演講秀出這張照片，都引起極大回響。

2 享受痛的快感

到現在我還是保持運動，吃東西一樣不忌口，不但沒有復胖，還常常拿裙子去改。師父說一般上班族來只有越改越大，沒人像我這樣，腰圍越改越緊、長度還越改越短的。演講的時候，我談論減重經驗獲得的迴響，從不亞於業務技巧，連長官都好奇，怎麼娜娜車子越賣越多，人卻變得越苗條、越年輕？

我想單單「紀律」兩個字還不夠，應該說我更享受「痛的快感」。

做仰臥起坐的過程，其實是**不斷正面迎接挑戰，同時克服自己的惰性和恐懼**。一開始我這裡很痛，但我不管它、持續做，做到肌肉習慣操練，再也不痛了，我就再換別的姿勢，去鍛鍊另一個部位的肌肉。儘管又得忍受新的疼痛，但是我知道即將克服新的關卡，又可以瘦新的地方了。

這個道理其實跟做業務相通，當我們持續用同一個方法做，做到沒有進展了，如果不出新招，客戶數便不會增加，連帶業績下滑、人也跟著不開心。

這個時候，就要換個不同的做法，吸引新的客人上門，這樣我們又能從新客人身上獲取能量，再繼續推動業績，形成正向循環。

堅持很苦，但是放棄以後，更苦

碰到銷售不順的情況也適用，假如你遇到奧客，一看就討厭，懶得跟他講話，不想賣給他，不妨想一下美好的未來：你主動對他好、他喜歡你，買了以後變成柱仔咖，又帶朋友來，業績源源不絕，是不是很開心？從今以後你就是奧客殺手了，別人避之唯恐不及的奧客，到你手上都變乖乖的，你就成功了，比綠巨人浩克還要強大！我知道堅持很苦，但是放棄以後，更苦。

如果三十個仰臥起坐好不容易做到不痛，加到五十個，一覺得痛就忍不住放棄，是不是原來練的都白費了？當你覺得堅持很苦，請跟我一樣，讓自己享受痛的快感，你會發現從疼痛到不痛，一次一次挑戰成功的感覺，很爽！

像我這樣原來頂著ＱＱ頭、身材肉肉的主婦，在一天工作至少十五小時的壓力下，都能不靠節食、不吃減肥藥，把年輕時候的短裙穿回來，你，絕對沒有理由做不到。

賣車女王十倍勝的業務絕學

□做業務，形象很重要。穿合身的衣服，除了有精神，稍微發胖也立即有感，就能馬上調整飲食並做運動，不讓自己鬆懈。

□堅持很苦，但是放棄以後，更苦。唯有正面迎接挑戰，同時克服自己的惰性和恐懼，才能不斷突破難關。

結語
無招勝有招，或者說，我只有一招

我很喜歡讀金庸的武俠小說，特別讚賞獨孤求敗的「無招勝有招」，這也是做業務至今，最菁華的一句箴言：**沒有預設立場，客人出什麼招，我就接什麼招**。

有一天，外頭下著大雨，一位先生到營業所的屋簷躲雨，大概是沒要買車，不好意思進到展示間。

我想來者是客，主動請他進來坐，還給他倒了杯熱茶一起聊天，完全沒提車子的事。雨停了，我送他到門口，他跟我說了聲謝謝就離開。

三個月後，他再次到公司來，這回沒下雨，他打進門坐下，就從個人興趣到生活上所見所聞什麼都談，像專程來找朋友聊天似的聊了一個上午，最後十分鐘才講到車。他簡單問了車子款式、配備、顏色，我提醒他要準備哪些證件、填什麼資料，連條件也沒講太多，他就付了訂金，成交。

沒有話術、不需要「按打」情緒。更沒有一連串的推銷說詞：「先生，我們這款最新上市的車款，配備這些那些，原價多少，現在特價多少，再送這個那個。如果在幾月幾號前搭配某某活動，加價多少，還可以如何如何。」

一切來自**誠心對待，他說，我聽；他要，我給；他高興，我也開心**。

因為，我們是朋友。

和人可以輕鬆的做朋友，這是我的第一〇一招，也是締造年銷七百零三輛車紀錄的終極祕密。

業務員的銷售沒有終點，這堂銷售技巧課也是，我們後續還有更多機會可以交流互動，請搜尋臉書「賣車女王陳娜娜」，可以找到我。

期待認識你。

國家圖書館出版品預行編目(CIP)資料

賣車女王十倍勝的業務絕學：陳茹芬週日不上班、很少發名片，卻贏別人十倍，怎麼辦到？
陳茹芬著；鄧文華採訪撰文-- 臺北市：大是文化, 2016.02
272面；14.8×21公分. --（Biz；184）
ISBN 978-986-5612-24-5（平裝）

1.銷售 2.職場成功法

496.5　　104025606

Biz184

賣車女王十倍勝的業務絕學

陳茹芬週日不上班、很少發名片，卻贏別人十倍，怎麼辦到？

作　　者／陳茹芬
採訪撰文／鄧文華
副總編輯／顏惠君
總 編 輯／吳依瑋
發 行 人／徐仲秋
會　　計／許鳳雪、陳嬅娟
版權經理／郝麗珍
行銷企劃／徐千晴、周以婷
業務助理／王德渝
業務專員／馬絮盈、留婉茹
業務經理／林裕安
總 經 理／陳絜吾

出 版 者／大是文化有限公司
台北市 100 衡陽路 7 號 8 樓
編輯部電話：(02)2375-7911
購書相關諮詢請洽：(02)23757911 分機 122
24 小時讀者服務傳真：(02)2375-6999
讀者服務 E-mail：haom@ms28.hinet.net
郵政劃撥帳號／ 19983366　戶名／大是文化有限公司

法律顧問／永然聯合法律事務所
香港發行／豐達出版發行有限公司
Rich Publishing & Distribution Ltd
香港柴灣永泰道 70 號柴灣工業城第 2 期 1805 室
Unit 18059, Ph.2, Chai Wan Ind City, 70 Wing Tai Rd, Chai Wan, Hong Kong
Tel: 2172-6513　Fax: 2172-4355
E-mail: cary@subseasy.com.hk

封面設計／王信中
內頁排版／江慧雯
封面攝影／吳毅平
印　　刷／鴻霖印刷傳媒股份有限公司
出版日期／2016年2月1日初版
2020年7月31日初版8刷
定　　價／320元（缺頁或裝訂錯誤的書，請寄回更換）
I S B N　978-986-5612-24-5